U0189251

一天一花

［英］米兰达·亚纳特卡　著

燕子　译

中国科学技术出版社
·北　京·

盛开的泰勒紫草可吸引蜜蜂和其他昆虫前来传粉。

图书在版编目（CIP）数据

一天一花 /（英）米兰达·亚纳特卡著；燕子译 .
北京：中国科学技术出版社，2025. 1. -- ISBN 978-7
-5236-1191-3

Ⅰ . S68-49
中国国家版本馆 CIP 数据核字第 20245QH518 号

著作权合同登记号：01-2024-4342

策划编辑	张耀方
责任编辑	徐世新　张耀方
封面设计	中文天地　周伶俐
正文设计	中文天地
责任校对	吕传新
责任印制	李晓霖

出　　版	中国科学技术出版社
发　　行	中国科学技术出版社有限公司
地　　址	北京市海淀区中关村南大街 16 号
邮　　编	100081
发行电话	010-62173865
传　　真	010-62173081
网　　址	http://www.cspbooks.com.cn

开　　本	710mm×1000mm　1/16
字　　数	355 千字
印　　张	24
版　　次	2025 年 1 月第 1 版
印　　次	2025 年 1 月第 1 次印刷
印　　刷	北京瑞禾彩色印刷有限公司
书　　号	ISBN 978-7-5236-1191-3 / S · 807
定　　价	128.00 元

目 录

意大利威尼斯弗留利田野中遍地盛开的红色罂粟花（中国法律明文禁止非法种植罂粟——编者注）。

前　言

无论你是否对植物和自然科学具有好奇心或对艺术感兴趣，千百年来人类总是对花卉情有独钟。人们喜欢用花卉装点生活，花卉也赋予了人类各项活动以特殊寓意。它们不但象征着虔诚的信仰、纯洁的爱情、深深的幽思以及对生命短暂的叹息，还与人类的繁衍生息相伴始终。日出日落，周而复始，绽放的百花总意味着丰盈的土地即将孕育出累累的果实。在智者眼中，花朵透出的是春回大地的气息，是天降甘霖的喜悦，是即将到来的丰收季节。花还成为国家的象征，展现出民族文化与历史的独特性。花所蕴含的"自豪与荣耀"使其成为一种工业产品，不断回报着养育它的那片土地，为生活在那里的人们带来巨大的价值。

人类体验花的方式多种多样，但主要有两种：一是将花作为一种商品，譬如花店中出售的一束束鲜花；二是将花作为我们自己融入大自然、亲近大自然的一种渠道，亲手种植和培育它们。研究显示，将花作为礼物赠送他人时，绝大多数接受者都会下意识地报以会心的微笑，从而营造更为融洽的社交氛围。我们都有这样的体会，到户外甚至只是观察一下植物本身，都会提升我们的幸福感。之所以如此，一个原因就是观察植物的分形结构——通过重复简单过程而形成极其复杂的图案，可以减轻人的紧张感（一个花序中由许多小花排列而成的斐波那契螺旋形，或许就是这种分形的一个例子）。然而，植物特别是花朵给予人类的不只是一种视觉体验，它们还会给人类带来多种的感受，这体现在其动态、纹理、气味或味道之中。这些特性不但能令人心旷神怡且长久留存在记忆中，还能促进人们彼此产生情感的共鸣。此外，对于园丁来说，一种显花植物在绽放时就意味着进入生长的盛年，那些盛开的花朵或许是成功与成熟的象征，表明这种植物完成了它的第一个，很可能也是唯一的一个生命周期。

然而，我们绝不能忽视花朵对昆虫和其他动物以及更大范围生态系统的重要意义。只要翻开自然生物进化史，就能追寻到花与其赖以繁衍生息的传粉昆虫之间的共生关系。为吸引昆虫和鸟类，花在漫长的进化之旅中不仅逐步获得了极具诱惑的气味和色彩，还拥有了复杂的植物拟态伪装能

上图：布莱顿柔光（Blyton Softer Gleam）是一种小球状大丽花，花期持续时间较长，可放在花瓶中作为鲜插花。

对页图：堆心菊常被用来制作灯花。这是堆心菊的一个品种"红宝石矮人"（Rubinzwerg）。

力，例如蜂兰（bee orchid），其形态酷似雌性蜜蜂，以便吸引雄蜂来传粉。为了适应不断变化的环境以繁衍生息，植物的各个部分也始终处在进化中，但花是一个例外，其构造和形态在进化过程中改变不大，植物学家也因此将花作为识别、命名植物并进行第一级分类的基础。今天科学界越来越多地根据植物的 DNA 进行分类，但最初对花的识别与分类主要是依靠对花的形态学研究，这也催生了卡尔·林奈（Carl Linnaeus）首创的统一生物命名系统，即"双名法"（Binomial Names）。1753 年，这位瑞典植物学家在《植物种志》（*Species Plantarum*）中采用了我们今天所看到的两个拉丁词命名植物的方法，这也成为现代植物命名法的开端。

　　本书所遴选的花是全球最具特色植物中的一些代表性品种，其中大多数是你漫步大自然中"不难偶遇"的，或在气候温和地区花园中能够经常看到的。书中所选植物的范围，包括了花中"巨无霸"和最娇小的品种，也包括最具商业价值的品种，以及在文学和艺术作品中反复出现、象征含情脉脉之神秘或一泻千里之激情的那些品种。然而，撰写并出版此书的目的在于，让你在遨游花王国的旅途中不断有新发现所带来的快乐感，特别是通过花朵在四季更替中的种种柔情，将你的心绪从安逸的小屋里送到那一个又一个遥远的地方。话又说回来，聆听关于花的故事同样能够提高我们对花所蕴含重要意义的认识。其实，花朵本身就是大自然为自己雕琢而成的一件件艺术品，因此它们能够帮助我们创作出一个个动听的故事，不仅能揭示某一个人的精神世界，还可反映不同族群的精神生活。从这个意义上讲，无论你去种植植物丰富自家花园，还是用花卉点缀房间，抑或"以花为媒"向情侣传递自己心中的秘密，本书或许都能为你提供帮助。作为作者，我在欣赏任何形式的艺术时，总会情不自禁地与大自然联系在一起并从中发现这样一个道理：花是人类日常生活中各种美的主要源头。

一年 365 天，每天都别有寓意，本书为每一天都选配了一种花。因为不同种类的花，开花时间和花期长短不尽相同，甚至还会因年份更迭而发生某些变化。本书在为每一天选择具有代表性的花卉时，尽量保持日期和花期相契合。此外，书中选用的 365 种花，其开花时间和花期一般都指其在原产地的时间，没有标明原产地的，则是在英国的开花时间和花期。

通过仔细审视每种植物的用途、益处及历史，本书希望与读者一道分享它们的故事以及它们与人类的关系，从而激励读者去探索大自然中花的王国。

365 天 365 种花，本书中每一种花的名字都采用了常用名（俗名）和最新的植物学学名（按惯例拉丁文学名以斜体表示）。此外，本书同样遵从了卡尔·林奈的"双名法"，每种植物的学名都由"属名"和"种名"两部分组成。表示一个属内的多品种时，在拉丁文学名中用缩

写"spp."表示；属于人工栽培的品种，在拉丁文属名后面会用引号将变种的种名引起来，如 *Iris* "Katharine Hodgson"（鸢尾属的人工栽培种，以培育者"凯瑟琳·霍奇森"的名字命名）。另外，每种植物都有其所属的科名，为了简洁，本书通常省略植物的科名，但有时为了进一步揭示品种之间的关系，也会在一些地方使用植物的科名，譬如唇形科植物（Lamiaceae），因为该科的植物都拥有某个共同特征。当然，通常情况下同科植物的共同特征要比同属的简略得多。

虽然这是一本关于植物学和花卉的书，其实要读懂并不难，只需知道一些简单的花卉知识，而熟悉上图中关于花的不同部位的一些名称，将会对你读懂本书有所帮助。

花卉独有的美及巧夺天工的构造，可能会为你养成终身热爱植物这一良好习惯开启一扇门。在当代植物学研究领域，不断有新的植物种类被发现，而人类正在积极研发所需要的新药并扩

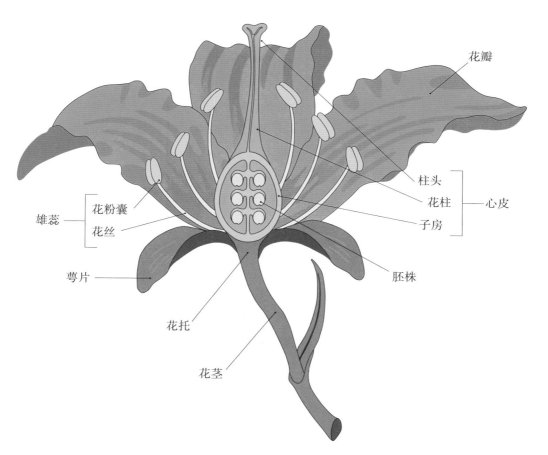

花瓣

雄蕊 {
花粉囊
花丝

萼片

花托

花茎

柱头
花柱
子房
} 心皮

胚株

大食物来源，这些新发现的植物在这些方面也将具有很大的潜力。另外，出于各种原因，一些花卉还可能在人们的精神生活中占据特殊的位置，甚至被赋予特别的人性特性。例如，为传承父亲对唐菖蒲（*Gladiolus*）那份深深的爱意，我精心培育着唐菖蒲以寄托并表达我对父亲的思念和崇敬，每年唐菖蒲盛开时，它总能使我沉浸在快乐之中，并将我与父亲的心紧紧地连在一起。

我希望此书能够使你在快乐中开启一趟四季之旅，去认识我们赖以生存的大自然以及那些在人类社会中最不可思议、最能唤起美好记忆的朵朵鲜花。

上图：这幅花的剖面图显示的是一朵花的主要部位。

对页图：在传统花园中常能见到唐菖蒲的身影，它的花期较长，通常为每年 6 月至 10 月。

雪花莲
Common Snowdrop
Galanthus nivalis

即使在新年伊始的第一天，也可以看到雪花莲的身影。

这种娇美的花朵是一年中最早绽放的花朵，被视为希望的象征。通常，它们会在冰天雪地中绽放，告诉人们冬天的脚步即将远去。许多雪花莲爱好者们不惜重金收集各种变种，然后培育出带有若隐若现的各种绿色、黄色以及桃红色斑纹的品种。大多数这类斑纹位于花的下侧面，因此有说法称，观赏雪花莲的最佳方式是从地面向上看。

铁线莲 "冬天里的美人"
Clematis "Winter Beauty"
Clematis urophylla "Winter Beauty"

"冬天里的美人"争奇斗艳竞相开放的场面构成了1月一幅赏心悦目的景象。

这种珍贵的花园植物不仅常年郁郁葱葱，而且能在其他花卉未及开放的季节开出风姿绰约的钟形花朵。它的宽阔叶子和数不胜数的花朵会使你误认为已经处于盛夏而不是冬天。"冬天里的美人"是一种攀缘植物，具有顽强的生命力，能沿篱笆、灌木甚至树木攀爬，不但具有观赏价值，还能为提前出动的蜜蜂提供食物。

天竺葵
Night-scented Pelargonium
Pelargonium triste

在南美，这种植物在春天以及初夏季节开花。

这是最早采集自野生环境，并且在全球各地进行栽培的天竺葵属植物之一，1632 年由南美洲引入英格兰。在植物交易中，它经常被误当成老鹳草（Geraniums），但事实上它们是两种完全不同的植物。与老鹳草不同，天竺葵不耐霜冻，所以寒冷天气需要放置室内。仔细观察花朵，你就可以将天竺葵和老鹳草区分开来：天竺葵花朵顶端两片花瓣的形状与底部三片略有不同，而老鹳草的花瓣则是整齐划一的。

茶树
Tea Plant
Camellia sinensis

传说中，中国农民可以训练猴子采集茶树叶子，就像这幅1821年的铜版画所展现的那样。

这是一种常青灌木，用以生产黑茶、白茶、黄茶以及绿茶。根据中国神话传说，早在 5000 年前，神农氏就发明了这种饮料。传说中，当他端着一杯热水在一棵山茶树下饮用时，一片树叶掉到了他的杯子里，他让树叶在杯子里浸泡了一会儿，结果发现水的味道清爽怡人。古时候茶叶的成本很高，因此只能是富人阶层的饮料（中国古代的茶花颜色多样，最初以红色为主——编者注）。到 17 世纪，东印度公司将茶叶大量进口到英国，使其成为大众可以负担得起的饮料。

忍冬
Winter-flowering Honeysuckle
Lonicera fragrantissima

冬季开花的忍冬在
1 月开放，它是一
种令人赏心悦目的
花卉，而且为许多
动物提供了重要的
食物来源。

1845 年，这种花被从中国引进到英国，数年后又被引进到美国。在维多利亚时代，它被栽种在花园里或者住宅的入口附近，用以阻挡"幽灵"或各种"鬼魅"。这种植物的生长惠及了众多生物：它吸引了象鹰蛾的光顾，而象鹰蛾又是蝙蝠的猎物；它的攀缘茎为鸟类提供了筑巢的地点；它的新鲜嫩芽吸引了蚜虫，从而又为瓢虫和草蜻蛉提供了食物。

纳丽花
Nerine/Bowden Lily
Nerine bowdenii

这种南非野生花卉的花期从夏季一直延续到秋季。

这种花的英文名字源于希腊传说中的海神涅柔斯（Nereids），原产于南非的山区碎石滩中，20世纪初被引进到英国。它在落叶后开花，花色绚丽。在一年的晚些时候，它可以为昆虫提供花蜜。人们认为，这种花代表着自由和幸运。

普通马樱丹
Yellow Sage / Common Lantana
Lantana camara

中南美洲是普通马樱丹的故乡，在那里，它生长旺盛，1月可以看到它开花。

这种植物是南美的"原住民"，现如今它已经在温带国家花园中被广泛栽培，在不够温暖的地区则在室内栽培。它首先被荷兰探险家引进到欧洲，后又被带到亚洲。不幸的是，因为条件太适合它的生长，于是它成了一种不受欢迎的杂草。研究表明，它的叶子中含有灭菌、抗真菌和杀虫的成分，所以在传统医学中获得了一席之地，用来治疗麻疹、水痘等疾病。

红百合木
Chilean Lantern Tree
Crinodendron hookerianum

在它的故乡智利，红百合木秋季形成花蕾，来年夏季开花。

从它的名字就可以看出，这种常绿灌木来自智利，它能开出大量深红色灯笼形状的花朵，悬挂在长长的花柄上，颇具异国情调。在受到遮蔽保护的地方，它能够忍受住寒冷天气。它能够在英国繁衍生长，在略呈酸性的土壤中生长最好。学名源自希腊语"krinon"和"dendront"，前者意为"洁白的"，后者意为"树"。在智利传统医学中，它被用来催吐以排除体内毒素。

夜来香福禄考
Night-scented Phlox
Zaluzianskya ovata

在夏季的南部非洲，这种植物生长旺盛，夜间空气中充满了它的芬芳气味。

这种植物原产于非洲南部，具有强烈芬芳气味，夜间尤为明显。白天可以看到它的红色花蕾，而到了傍晚，花蕾徐徐展开，绽放出白色花朵，散发出强烈的芬芳气味。在世界各地，它被园艺师们广泛栽培，在寒冷地区的温暖季节常被种于盆中。

零陵香
Holy Basil
Ocimum tenuiflorum

这种植物在印度次大陆广泛分布，在阿育吠陀疗法中通常与姜黄一起使用。

这种植物与罗勒（*Ocimum basilicum*）有非常近的亲缘关系，在印度教中，它被称为"Tulsi"，据说是同名女神的化身，具有非常重要的地位。传说中，印度教中的主神之一克里希纳神（Lord Krishna）就在脖颈上佩戴着一个由这种植物的叶子和花朵编制而成的花环。人们相信，这种植物具有护身、净化功能。它的叶子可以食用，具有类似于丁香、薄荷以及罗勒的辛辣味道，烹饪后味道更浓。

21

金凤花
Falling Stars
Crocosmia aurea

沃尔特·菲奇（Walter Fitch）为《柯蒂斯植物学杂志》（*Curtis's Botanical Magazine*，1847 年）所绘制的一幅插图，展示了金凤花的花朵。在南非，这种花在夏季开放。

这种植物通常生长在南非的小河岸边和林地边缘。其学名中的"*Crocosmia*"一词源于希腊语"krokos"和"osmi"，意思分别为"番红花"和"气味"。据说，如果把干燥的金凤花放入温水中，会散发出类似番红花的香气。作为鸢尾科的成员，它也被称为臭番红花（montbretia）。在野外，它可以为鸟类提供食物。鸟在花朵凋谢后取食种子，而非洲野猪则会取食它的球茎。其长长的茎使它很适合作为鲜花插在花瓶里。

芭蕉
Banana

Musa acuminata

对大众来说，这种植物被普遍地称为香蕉，在热带国家或者在大型温室内，它可以长年开出硕大的花朵。

它是现代世界各地甜香蕉的祖先（包括消费量最大的栽培品种侏儒卡文迪什），它原产于南亚，人类在公元前8000年左右开始栽培。每一朵花都是花序的一部分，由主干向外侧水平生长。花序基部是雌性花，可发育成果实，而雄花则生长在上部，无法发育成果实。这种植物还是一种很好的观赏植物，在寒冷地区它被作为室内植物栽培。

1月13日

假马齿苋
Bacopa
Chaenostoma cordatum

这种植物原产于南非，在沿岸地带和植被茂盛的深谷地带都有生长。其学名中的"*Chaenostoma*"源于希腊语，意为"张开的大嘴"，这是因为这种星型小花朵的中心呈开放形状。学名中的"*cordatum*"则源自拉丁语，意指它的心形叶子。在温带国家，这种娇嫩的植物常在夏季被栽植在吊篮内，它能开出大量的花朵并如瀑布般下垂。花期过后，它会结出一种蒴果，内含琥珀色种子。

1月14日

迎春
Winter Jasmine
Jasminum nudiflorum

这种植物原产中国，因为它在每年叶子长出之前能够从裸茎上开出大量的花朵，现已被广泛栽培。在中国，它被称为迎春花，预示着春天的到来。它的枝条繁茂，常被栽种在花园中用以遮蔽墙体，它的花不带任何气味。1844年，苏格兰农学家罗伯特·福琼（Robert Fortune）首次从中国引进到英国，自此在西方备受推崇。

右图：在南非，百子莲夏末开花。这里展示的是乔治·库克（George Cooke）1817年创作的一幅手工上色铜版画。

对页上图：尽管假马齿苋的花是白色的，育种师们却培育出了粉色以及紫色花的品种，例如"格列佛"（Gulliver Violet）就是一种受欢迎的观赏品种，在南非它可以常年开花。

对页下图：在英国的花园里，广泛种植的迎春花从1月开始开花，一直延续到3月，为沉闷的冬季带来一抹令人愉快的气息。

Agapanthus minor.

百子莲
African Lily / Lily of the Nile
Agapanthus africanus

这种花的拉丁语名称源自希腊语中表示"爱情"的单词"agape"和表示"花"的单词"anthos"，它被当作爱情的象征。它原产于南非，在那里被当成一种催情花栽种在花园中。妇女们戴着它，祈求获得力量并生出更多的孩子。人们还相信，它能够保护人们不受雷暴的伤害。在整个温暖的季节里，它位于顶端的硕大蓝色花朵使人印象深刻，因此在世界各地的花园中均有种植。

橙色金缕梅
Orange Witch Hazel
Hamamelis × intermedia 'Jelena'

冬天，一只青山雀在开满橙色花朵的金缕梅枝条上小憩。这种花的花期从1月一延续到2月末。

这是一种最常见的金缕梅栽培品种，密集的花朵为橙色，而不是更常见的黄色。它的花朵看起来像卷曲的果皮细条，散发出浓郁的柑橘气味。20世纪50年代，比利时育种师罗伯特·德贝尔代（Robert de Belder）培育出这一品种，并以他妻子的名字为其命名，他妻子本人也是一位广受赞誉的农学家、园艺师。这一植物受到了广泛赞誉，他们也因此设计建造了一个植物园，这就是后来全球知名的卡尔姆豪特植物园。

红玉樱桃
Cornelian Cherry
Cornus mas

这是雷努瓦尔德（Renouard）翻译奥维德（Ovid）的诗作《变形记》（Metamorphoses）中的一幅雕版画，作者为让·马修斯（Jean Matheus）。画中展现了喀耳刻手持一个装有红玉樱桃的盘子，将奥德修斯的追随者变成了猪（1610年）。

这种植物原产于欧洲南部及亚洲南部，是一种落叶乔木。晚冬季节，当它绽放出小型黄色花朵时，叶子还没有长出，这使它在花园中特别引人注目。早在中世纪，它就被引进到了西欧，被种植在修道院的花园中。花期过后，它会结出红色果实，在完全成熟前果实的味道非常苦，成熟后则有一股李子的味道。在许多古典文学作品中，对这种植物常有提及，例如在荷马史诗《奥德赛》中，奥德修斯的追随者被变成猪以后就吃这种树的果子。

这种花也被称为冬季鸢尾，它耐严寒，能够在冬季开花，因此受到园艺师们的推崇。

鸢尾
Algerian Iris
Iris unguicularis

这是一种冬天开花的鸢尾，具有微弱的甜味，在淡紫色的花瓣上有着精致的点缀。它原产于希腊、土耳及其周边的部分地区，在隆冬季节开花，花期维持数月，因此作为一种早花植物受到园艺师们的追捧。它因易栽培和深紫色的花色而备受尊崇。

冬季花园里，为了
吸引传粉者，蜡梅
散发出浓郁的芬芳
气味。

蜡梅
Wintersweet
Chimonanthus praecox

它原产于中国，在各地的花园中被广泛栽培。在叶子长出之前开花，有芳香气味。1766年，它被考文垂勋爵（Lord Coventry）从中国引进英国，种植在克鲁姆庄园的暖房内。直到100年后，人们才认识到它是一种耐寒植物，因而大受欢迎。具有"英国园艺之父"称号的约翰·劳登（John Loudon）曾经宣称："花园不可无蜡梅"。它的花香混合了水仙花和紫罗兰香气的特征，同其他具有浓郁香气的花一样，香气过量则会使人不舒服，因此在庭院内不宜多种。

俄勒冈葡萄 "冬日太阳"
Oregon Grape "Winter Sun"
Mahonia × media "Winter Sun"

这是一种常绿灌木，冬季会绽放出大量颜色亮丽的花朵。

这是通过杂交栽培的植物品种，因为能在年初开花而受到人们的喜爱。它的花开在弯成弓形的茎上，散发着香气。进入夏季后，会结出一种紫色的浆果。作为一种常绿植物，它被栽种在园林中以增加景观的丰富感，它带刺的叶子有点类似于冬青，因此也被用来阻挡不受欢迎的闯入者。

卷须铁线莲
Evergreen Clematis
Clematis cirrhosa

冬日里的卷须铁线莲绽放出硕大的花朵，花瓣上点缀着深红色斑点。

这种花原产于地中海地区，因为整个冬季都可以开花而深受园艺师们的喜爱。它是攀缘植物，花形似钟，花期过后结出毛茸茸的种球。这种植物还有一些被人喜爱的人工变种，例如"米黄维斯利"（Wisley Cream），它的名字来源于培育它的著名花园——位于英国萨里郡的皇家园艺协会维斯利花园。另一个经常见到的是"少女的闺房"（"Early Virgin's Bower"），这种花竞相绽放时倒挂如瀑布，而它的白色花朵则象征着纯洁。

麦卢卡
Mānuka/Manuka

Leptospermum scoparium

在新西兰，麦卢卡的花期只有夏季开始的几周，而每朵花的开放时间则只有几天。

在传统医学中，将蜂蜜作为一种治疗手段已经有超过 2000 年的历史，而麦卢卡花蜜又因为具备更加丝滑、略带果味的特点而被视为极品。麦卢卡林常见于新西兰北部、南部岛屿的沿岸地带以及澳大利亚的部分地区，那里也被认为是它的故乡。新西兰毛利人很早就认识到了这种植物的治疗作用，它的花蜜中含有较高的甲基乙二醛和酚类物质，具有有效的抗菌与防腐作用。

大豹皮花

Carrion Flower

Stapelia gigantea

大豹皮花的花形似海星，在南非春夏季节的多沙及多岩石地区，常能发现它的踪影。

这种开花植物原产于南非和坦桑尼亚的沙漠地区，在众多多肉植物爱好者中知名度很高。它的花朵很大，呈星型，质地如丝，直径可达40厘米。为了吸引蝇类前来传粉，它散发出一种腐肉的气味。据说，这种植物曾经被用来治疗历史上曾被称为"癔症"的疾病。

这是一幅彩色木版画，展示了冬季干枝梅花开，原图载日文版《芥子园画传》（1812 年）。

梅
Plum
Prunus mume

梅也被称为日本杏（Japanese apricot），就其果实而论，这一名称要比"梅"更为贴切。它是一种落叶乔木，栽培目的更多在于观赏而不在果实。它的花在隆冬及晚冬季节开放，粉色，略带辛辣气味。花期过后，结出类似杏形状的果实，这种果实味苦、果肉紧紧附着在果核上。在中国美术与诗歌作品中，这种花长期占据重要地位，象征着冬天和春天来临的脚步。

普普斯忍冬
Purpus honeysuckle
Lonicera × purpusii

它是园艺师们最喜欢的冬季开花植物之一，开具有芬芳气味的花朵，花期直到3月之前。

这是由忍冬和金银花这两个中国品种杂交而成的变种，培育成功于1920年的德国，其花朵带有强烈的金银花特有气味。它因为能在隆冬季节开花而受到喜爱，栽培种"冬天里的美人"尤其受到追捧。在裸露的枝条长出叶子之前，管状花朵就抢先绽放。同其他忍冬属植物不同，它是一种灌木，呈拱形，而不是攀缘植物。

臭鹿食草
Stinking Hellebore
Helleborus foetidus

这种优雅的本土植物，花期从1月持续到初春。

这种植物的故乡在英国以及中部和南部欧洲的部分地区，具有毒性，因此在与其打交道时必须小心。尽管它花的气味并不是特别得令人反感，但揉搓它的叶子时，会散发出一种类似牛肉的味道。这是一种常青植物，其花朵的颜色绿中带黄。每当开花季节，它大量的雄蕊为蜜蜂及其他传粉者提供了宝贵的蜜源。研究发现，它花朵内的酵母菌能够使温度增高，从而使更多的芳香化合物散发到空气中，以此吸引传粉者。

右图：图中的纳西索斯正在欣赏自己的倒影。图片根据19世纪佚名艺术家的一幅半色调作品加工而成。

对页上图：1月到2月间，波斯铁木鲜红的花芽装点着它裸露的枝条。

对页下图：隆冬季节，藏东瑞香开放出一簇簇花朵，芳香四溢，长达数周。

水仙 "莱茵费尔德的早春"
Daffodil "Rijnveld's Early Sensation"
Narcissus "Rijnveld's Early Sensation"

这是一种人工变种，如果你在一年中如此早的季节发现一株小巧玲珑的黄水仙花朵正在恣意绽放，那很有可能就是它。这种植物的花呈纯正的金黄色，为冬天的花园增光添彩。这种花略带芬芳气味、耐得住风雪，这使人们对它青睐有加。有人认为，这种花的名字来源于希腊神话人物纳西索斯（Narcissus），这可以从它那微微弯曲的花茎得到印证。在希腊神话中，纳西索斯是河神赛菲索斯（Cephissus）与林中仙女的儿子。他是一位美少年，因迷恋上了自己的水中倒影，最终消瘦而死。

波斯铁木
Persian Ironwood
Parrotia persica

这种植物原产伊朗北部，是金缕梅的近亲。1 月到 2 月间，它的深红色花朵在裸露枝条的尖端成簇绽放。它名称中的"铁树"源于这种树的材质异常致密坚硬。不仅仅是花，冬天里它的剥落的树皮也很有吸引力。花朵本身没有花瓣，雄蕊从花芽中直接抽出，展示出充满活力、妩媚动人的颜色。

尼泊尔瑞香
Nepalese Paper Plant
Daphne bholua

这是一种常见的冬季开花植物，它的人工变种藏东瑞香（Jacqueline Postill）1 月准时进入花期，因而特别受人喜爱。同其他瑞香属植物一样，它也产生一种类似柠檬的香甜气味。从它的俗名可以看出，这种花原产尼泊尔。这些花富含花蜜，受到蜜蜂的青睐，花期过后结出一种暗紫色的浆果。

瓦伦汀小冠花

Glaucous Scorpion-vetch

Coronilla valentina subsp. glauca

普通黄粉蝶冬季休眠，但在风和日丽的天气里，有时也可以见到它们在吸食这种花的花蜜。

这种花呈黄色，形似豌豆花，散发出一种类似桃子的芬芳气味，花期从1月末一直到春天。它原产于地中海地区，在花园中更常见到的是它的人工变种西特里娜（Citrina），花为柠檬黄色。属名中的冠花豆（*Coronilla*）表明，这种植物的花朵呈圆形，似皇冠；变种的种名格劳卡（*glauca*）则意味着它的叶冠是灰绿色的，巴伦冠花豆（*Coronilla valentina*）的叶冠要显得更绿一些。

繁缕
Common Chickweed
Stellaria media

繁缕植株矮小，富含矿物质，是鸟类的营养小吃，它也可以被做成沙拉供人类食用。

这种植物原产于欧亚大陆，被视为一种杂草，现在世界大部分地区都能见到它的身影。这种植物可以供鸟类或人类食用，营养丰富（在人类的妊娠期或哺乳期内不建议食用）。它的白花由 5 对形似兔耳的花瓣组成。属名繁缕（*Stellaria*）指明了花的星样形状。在传统医学中，它被用来治疗皮肤疾患、关节炎以及其他一些小毛病。

41

紫檀
Narra
Pterocarpus indicus

在亚洲的热带及温带地区，紫檀花从2月末开始绽放，黄色花朵挂满树枝，显得十分亮丽。

这是菲律宾的国树，人们认为它是人格力量和坚强意志的象征。这种树的花是黄色的，排列在长长的枝条上。树形美观，被用于观赏或作为街道两侧的行道树。这种树的木质坚硬，具有玫瑰香气，常用来制作高档家具以及雕饰面板。树叶的浸出液用来生产香波，在传统医学中也被用来治疗各种疾患，包括喉咙疾病等。

紫花欧石南
Bell Heather
Erica cinerea

紫花欧石南的花期从晚秋一直延续到晚春，常见于英国的荒芜地带。

紫花欧石南的故乡在西欧，英国、爱尔兰等地较多见，尤其是在较荒芜的地区，如苏格兰的高沼地及荒原等。它能产生大量花粉，对诸如黄尾大黄蜂、红尾大黄蜂、蜜蜂等蜂类非常重要，是欧石南蜂蜜的来源。这种蜜带有烟熏味道和温和的甜味，回味悠长，呈深暗色琥珀的颜色，因富含抗氧化物和具有抗菌作用而受到青睐。

43

蜀葵
Hollyhock
Alcea rosea

蜀葵的这一品种原产于土耳其，是众多常见的、具有顽强生命力的花园蜀葵的祖先。传统上，孩子们用它来制作玩偶，盛开的花用作裙子、半开的花用作躯干、花蕾用作头颅，不同的部分再用梗相互串联在一起。蜀葵在世界各地均有栽培，它能吸引大量的蝴蝶和蜂鸟。它高大的植株以及硕大的花朵也被用来遮蔽一些不太雅观的建筑物，例如厕所等，因此它也被称为"茅厕花"或"私密花"。

中国也是蜀葵的故乡，在那里它从 1 月开始开花，一直延续到 8 月。

东方苜蓿
Early-flowering Borage
Trachystemon orientalis

这种植物也以"亚
伯拉罕－以撒－雅
各布"（Abraham-
Isaac-Jacob）的名
字来命名，图片中
展现了它含苞待放
的花蕾和星形的
花朵。

这是紫草（common borage）的近亲，从2月开始绽放出蓝紫色花朵，喉部白色。这种花生命力顽强，扩散速度很快，原产于南欧与东南亚地区。带尖顶的花朵开放时，叶子才刚刚开始生长。属名"*Trachystemon*"来自希腊语"rachys"和"stemon"，前者意为"强壮的"，后者的含义是"花丝"。

旱金莲

Nasturtium

Tropaeolum majus

这幅模式化的旱金莲图片来自《系统图像图解和图谱百科全书》（*Systematischer Bilder-Atlas zum Conversations-Lexikon Ikonographische Encyklopädie*，1875 年）。

旱金莲的故乡在南美洲和中美洲，因为它生长迅速，花朵亮丽，因而引人注目，在花园中被普遍种植。属名 "*Tropaeolum*" 来自希腊语 "tropaion"（拉丁语 "tropaeum"），含义为 "战利品"。古罗马人习惯将被征服的敌人的盔甲、武器等悬挂在一根战利品柱子上。人们认为，旱金莲的圆形叶子看上去像盾牌，而它的橘黄色花朵则像沾染了鲜血的头盔，这就像那些战利品。这种植物的全身均可食用，带有令人愉快的胡椒味道。

双距花

Twinspur

Diascia mollis

这种植物花期很
长，在南非，从春
季到秋季都可以见
到这种花的身影。

这种花生长于南非靠近海岸的山区、草原以及森林中，因为它花型娇
嫩，也在世界各地花园中被广泛种植。它与一种原产于非洲南部温带
地区的采油蜂（Rediviva）有非常重要的关系。在这种花的内侧底部有一个
由薄薄的一层细胞构成的区域，那里有腺体能分泌油脂物质，雌性蜜蜂采集
这些油脂，用来喂养蜜蜂幼体。在采集油脂的过程中，花粉也会被附着在蜜
蜂身体上，从而完成了传粉。

疗肺草
Common Lungwort
Pulmonaria officinalis

每到2月，疗肺草的花蕾就开始萌发，然后很快就会绽放出花朵。

早在中世纪，这种花就被用来治疗咳嗽和胸部疾患。其种名 "*officinalis*"（药物的）意味着它具有药用价值。当时的基督教医生相信这种植物具有治疗肺部疾病的功能，因为基督教医学理论秉承着这样一种理念：主已经告诉我们，根据植物与人类身体各部分的相似性，就可以确定用何种植物来治疗何种疾病。人们认为，这种植物斑驳的叶子所代表的正是有疾患的肺。在欧洲，这种植物分布广泛，从低地林区到山区都可以见到它们的身影。

49

菟葵
Winter Aconite
Eranthis hyemalis

冬日里，伴随着雪花飘飘，菟葵花竞相怒放，形成一幅美妙画卷。

这是一种毛茛科植物，在林地中广泛分布，形成遍地黄花。它的故乡在法国、意大利以及巴尔干地区，每年年初即可开花，在灌木丛及树木之下可以很好地生长，花园中也很常见。18世纪的英国，大规模的景观营造成为时尚，这种花也变得时髦起来。因为这种植物带有毒性，可以防止鹿类及啮齿动物的啃食，这或许是它能够普及的原因。

这幅手工上色点刻铜版画，由乌代（Oudet）根据约翰·雅各布·容（Johann Jakob Jung）的植物插图而作，选自洛伦佐·贝勒斯（Lorenzo Berlese）1841年的《茶花属植物图集》（*Iconographie du genre Camellia,ou description et figures des camellia les plus beaux et les plus rares*）。

山茶
Common Camellia
Camellia japonica

尽管这种植物来到英国时，被错误地当成了山茶属的另一个品种"*Camellia sinensi*"，但它很快就因为美丽的花朵而受到喜爱。人们认为，它是在英国生长的第一种山茶属植物，由罗伯特·詹姆斯·彼得勋爵（Lord Robert James Petre，1713～1742年）种植在他自己位于英国埃塞克斯郡桑顿庄园的花园温室中。那时，它是一种非常稀有且昂贵的植物，但到了19世纪，人们意识到它在室外环境中很容易生长，自此它的种植更为普及。

51

欧洲榛
Common Hazel
Corylus avellana

一簇簇姿态优雅的雄性花序3月中旬开始从树枝上悬垂下来。

早春季节，榛树花纷纷扬扬，使人流连忘返。榛树为雌雄同株，一株树上既有雄花也有雌花，雌花很小，看似花芽，而雄花则是一串长长的明黄色柔荑花序，从树枝上悬垂下来。每个花序由240朵花组成，成熟时，哪怕是极轻微的触碰也会将大量的花粉释放到空气中。

欧亚瑞香
Mezereon

Daphne mezereum

因为它在2月可以绽放出颜色鲜艳的花朵，所以这种小型的灌木很受欢迎。

因为花期在2月，欧亚瑞香也被称为"二月瑞香"。欧洲的大部分地区都是它的故乡，殖民时期被引进北美，在美国和加拿大的部分地区成功"入籍"。这种植物的汁液能够引起皮肤过敏，曾经被涂在面部以产生红润的脸颊，然而后来发现，这是血管受到损伤的结果，因此这是一个不建议使用的方法。

巴旦杏树
Almond
Prunus amygdalus

这种植物开花在许多其他花卉之前，它标志着春天的来临。艺术家文森特·梵·高是它的忠实粉丝，多次在画作中描绘它，并用它代表新生。特别值得一提的是，他将这幅画当作礼物送给了他刚出生的侄子，侄子的名字以他的名字命名。当听到他侄子出生的消息时，他说："对我来说，这实在是一个好消息。我太高兴了，这种心情是难以用语言表达的。"梵·高的粉丝以及艺术评论家们认为，这幅画的每一笔都可以看到他对侄子出生的喜悦。

《巴旦花开》（*Almond Blossoms*，文森特·梵·高，1890年）。

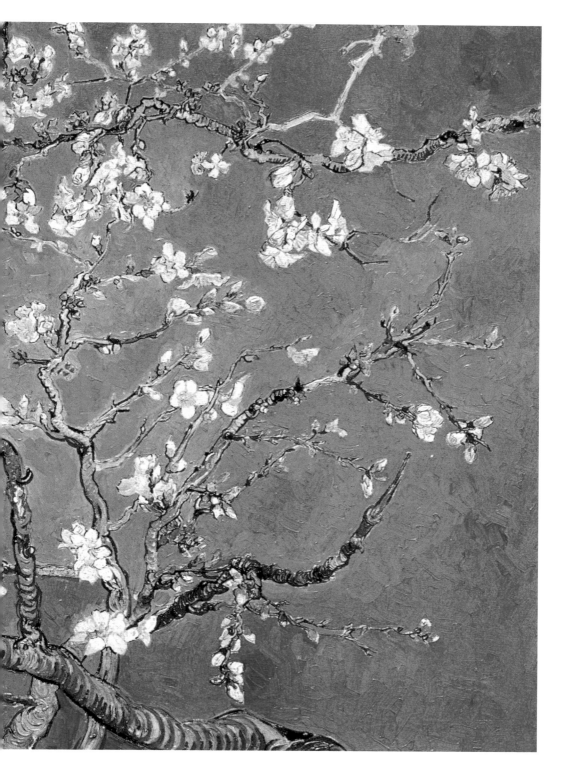

2 月 13 日

白连翘
White Forsythia
Abeliophyllum distichum

种植物的花外观呈星形，开在未长叶子的裸枝上，散发出杏仁的味道。花开之后，光洁的绿色叶子开始长出，秋天时叶子变为紫色。这种植物的故乡在朝鲜，尽管与普通连翘具有亲缘关系，但二者却有着鲜明的区别，因为它的花是白色的，而不是普通连翘的黄色。它在花园中很常见，但由于过度采集，在野外已难觅踪影，已被《世界自然保护联盟红色名录》列为濒危物种。

灯笼草
Bleeding Heart
Lamprocapnos spectabilis

上图：情人节时，这种花很适合作为一种充满浪漫情调的礼物。两个月后的4月，它将进入盛花期。

左图：在2月与3月份叶子长出之前，白连翘的花朵一簇簇绽放。

这种受人喜爱的耐阴花园花卉原产于西伯利亚、日本、中国北部以及朝鲜。19世纪初，它被从亚洲引进英国，然后又传入北美，这种弯曲的枝条上开满一串串心形花朵的植物受到了欢迎。据说，这种花象征着爱情。同白色亮叶草（*Lamprocapnos spectabilis* "Alba"）这个种相比，后者的花是纯白色的，而不是粉红色。如果把这种花上下颠倒，使外部的两片花瓣张开，则形状很像一位女士，因此它还有一个通俗名字"浴女"。

2月15日

颤杨
Quaking Aspen
Populus tremula

人们栽种这种树，是因为即使在微风中，它的亮闪闪的树冠也能够如水波一般荡漾。它的原产地在亚洲及欧洲的寒冷地区，包括英国。它的花呈柔荑花序，2月中下旬开花，雄雌异株，风媒传粉。授粉后雌性花在夏季释放出携带了种子的绒毛状种球，种球上的绒毛可以帮助种子传播到远离母树的地方。

2月16日

早熟鸢尾
Early Bulbous Iris
Iris reticulata

这种低矮植物的故乡是土耳其、高加索地区、伊拉克北部以及伊朗，它的花具有香甜的味道。其种名 "*Reticula*" 来自拉丁语，意思是"网状的"，它的鳞茎被包裹在网中，使它具备了很高的辨识度。在温带国家里，这种植物作为花园植物被普遍栽培，它的鳞茎具有很强的生命力，能耐得住寒冷天气，每年都会萌发。

右图：就像名字所表达的那样，这种生命力顽强的水仙花2月就可以开花。

对页上图：早春季节，柔荑花序率先开放，随后会结出毛茸茸的种囊。

对页下图：鸢尾"凯瑟琳·霍奇金"（Katharine Hodgkin）是一种很受欢迎的人工变种，晚冬季节绽放出精致的花朵。

黄水仙"金色二月"
Daffodil "February Gold"
Narcissus "February Gold"

这是黄水仙的一个早花变种，栽培非常普遍。它的外层花瓣略微反折，这使它成为曲杆水仙（指具有与仙客来类似的反折花瓣）家族的一员。这种非常受人喜爱的品种是1923年由荷兰的德格拉夫兄弟（De Graaff Brothers）通过水仙属的两个品种杂交培育而成。

荚蒾

Viburnum

Viburnum × bodnantense "Dawn"

这种植物的盛花期从11月至来年3月。

这一品种是在北威尔士的博得奈特（Bodnant）花园培育而成的，具有非常强烈的香气。博得奈特花园始建于1874年，创办人为科学家兼政治家亨利·戴维斯·波钦（Henry Davis Pochin），他与他的家族一起，在花园里栽满了由包括欧内斯特·威尔逊（Ernest Wilson）和乔治·福里斯特（George Forrest）等著名植物采集者采集来的新奇植物。该花园现在是国家信托的资产，面向公众开放。1934年，首席园艺师查尔斯·普达尔（Charles Puddle）通过荚蒾属的两个品种杂交培育出了这一变种，它的粉红色花朵配以紫粉色的花药，充满了楚楚动人的魅力。

墙头花 "紫色鲍尔斯"
Wallflower "Bowles Mauve"
Erysimum "Bowles's Mauve"

"紫色鲍尔斯"至今仍是园艺师们的掌上明珠，部分原因是它的花期可以从2月一直延续到10月，并且从春天开始，就吸引大量的传粉蝴蝶，如"橙尖蝴蝶"等的光顾。

尽管它可能是在花园里种植最为普遍的糖芥属植物，却没人知道这一栽培种来自何方。然而，我们却知道这种花的名称的来历。爱德华·奥古斯都·鲍尔斯（Edward Augustus Bowles，1865～1954年）是英国著名的园艺爱好者，与英国王室关系密切。他是安德鲁·帕克·鲍尔斯（Andrew Parker Bowles）的叔祖父，后者又是卡米拉的第一任丈夫。卡米拉曾为康沃尔公爵夫人，现为国王查尔斯的王后。在位于恩菲尔德的迈德尔顿庄园内，鲍尔斯营造了一座著名花园（现已对公众开放），他还亲自著书立说，配画插图，介绍各种植物，推动了园艺水平的提高。

右图：乔治·巴克利（George Barclay）根据莎拉·德雷克小姐（Miss Sarah Drake）为《爱德华植物名录》（*Edwards' Botanical Register*，1847年）所绘制的毛茛插图而制作的铜版画，手工上色。

对页上图：一簇簇花朵2月开始绽放，使冬天里的花园显得趣味盎然。

对页下图：2月，清淡、雅致的白色花朵开满洋李树枝头，新叶也在此时竞相萌发。

毛茛
Paperbush
Edgeworthia tomentosa

毛茛原产于亚洲西部和欧洲东南部。这种植物能在新年伊始叶子还没有长出之前，绽放出具有强烈芬芳气味的黄色亮丽花朵，因此在花园中也被广泛种植。日本人用它的树皮纤维制造一种手工纸张，称为"三股纸"，这种纸韧性非常强，甚至被用来制作纸币，这也是它的俗名的来历。

苍耳
Early Stachyurus
Stachyurus praecox

这种花原产于日本，晚冬及早春季节开花，此时叶子还没有长出。一串串缀满花朵的花穗悬挂在枝条上，成为冬天花园里的一道景观。属名"*Stachyurus*"来自希腊语"stachys"和"oura"，前者意为"玉米穗"，后者意为"尾状的"，表示这种植物的外观。种名"*praecox*"来自拉丁语，意为"非常早"，常用于对早花植物进行命名。

洋李
Common Plum
Prunus domestica

这种树常见且实用，它的花期从2月末开始，花朵呈白色。它的许多栽培变种的果实无须加糖就可食用，还有很多品种被培育出了不同的香味、大小或被用于不同的园艺用途。它原产于亚洲，但在欧洲的栽培历史已经超过2000年。欧洲栽培的洋李果肉发干，含水量远低于日本的品种，更适合于作为梅干储存。

沙柳 "阿苏山"
Japanese Pink Pussy Willow
Salix gracilistyla "Mount Aso"

这种柳树为2月的花园及景观带来了生气。

这是柳树的一个人工变种，其原始品种生长于日本、朝鲜及中国，是常见的观赏树种。其毛茸茸的粉红色柔荑花序在隆冬季节或稍晚些时候开始展现，为原本沉闷的冬天增添了一抹色彩。人们认为，这一变种系由一位日本的切花生产者选育而成，他将其作为一种特别的点缀用于花卉造型中，即使在没有水的情况下也能够持久保持良好形态。

中华枸杞
Chinese Fringe Flower
Loropetalum chinense

这种花有白色、粉色、红色等变种，2月开花直至4月。

这是金缕梅的一个默默无闻的近亲，原产于中国、东南亚以及日本等地的林地中，有时也被称为流苏花或带状花。在温带国家的花园里，还有一些栽培更加普遍的人工变种，如"火之舞""红宝石雪"等，它们的叶子是红色的，花是粉色的，具有很好的辨识度。属名"*Loropetalum*"来自希腊语"loron"和"petalon"，前者意为"带状的"，后者意为"叶子"或"花瓣"，指的就是它的流苏状花朵。

嘎瑞木
Silk Tassel Bush
Garrya elliptica

这是一种常见的花园植物，在1月至2月间生长出柔荑花序。

这是一种常青灌木，原产于北美洲，它的穗状雄花非常引人注目，受到园艺师们的喜爱。这种植物于1828年由一位非常著名的维多利亚时代植物采集者苏格兰人大卫·道格拉斯（David Douglas）野外采集于俄勒冈州，以哈德逊湾公司副总管的名字命名，该公司完全控制了北美地区的皮毛贸易，而这种植物的灰色花穗外观看起来也恰巧极像毛皮。常见的栽培种"詹姆斯屋顶"（James Roof）因为特别的柔荑花序而受到喜爱。即使花期结束，这种植物的花序仍然可以留在植株上长达数月，形成花园中一道特别的风景。

这是一幅彩色平版印刷画，左边展示的是西伯利亚紫堇。由亨利·诺埃尔·汉弗莱斯（Henry Noel Humphreys）根据简·劳登（Jane Loudon）为《简·劳登主妇庭园多年生观赏花卉》（*Mrs. Jane Loudon's Ladies Flower Garden of Ornamental Perennials*，1849年）所作的插图创作。

西伯利亚紫堇
Siberian Corydalis
Corydalis nobilis

这种植物由卡尔·林奈首次引进欧洲。他是一位瑞典植物学家，他所建立的植物双名命名系统规范至今仍在使用。这种植物的故乡跨越中亚、西伯利亚西南部以及蒙古。据称，林奈曾要求他的朋友，探险家埃里克·拉克斯曼（Erik Laxmann）给他带一些灯笼草的种子，但收到的却是这种来自西伯利亚高山之巅的植物种子。这种植物的花朵类似于小金鱼草，但它的种子带有油脂体，蚂蚁们搬运种子并将油脂部分当作食物，既不伤害种子，又帮助了种子的传播。

希腊银莲花
Winter Windflower
Anemone blanda

这种植物的故乡在希腊以及地中海东部地区，19世纪90年代早期被引入英国，受到园林设计师威廉·罗宾逊（William Robinson）和格特鲁德·杰基尔（Gertrude Jekyll）等人的青睐。这种植物特别适合种植于当时大行其道的混搭式边缘草地以及"天然式"花园，在《英国花园》（*The English Flower Garden*，1883年）一书中，罗宾逊对它在色彩、健壮性、矮植株、早花等诸多方面的优点赞赏有加，称它"值得在所有花园中栽培"。

2月28日

马醉木
Japanese Andromeda
Pieris japonica

隆冬季节，当花园中的大多植物仍在沉睡之中时，这种植物的花蕾渐次展开，形成一道亮丽风景，使人精神为之一振。它本生长在中国及日本部分地区，也被称作"山中百合"。它的密集的白色花朵悬挂在枝条上，长达2～3周而不衰。自然条件下，它生长在山区灌木丛中。从它花的形状可以看出，它是杜鹃花科的成员之一。

上图：日本弘前公园的一座桥为人们提供了一个绝佳的观景点，用以欣赏竞相开放的樱花。

对页上图：2月底到4月间，风和日丽的天气中，银莲花竞相开放。

对页下图：马醉木的栽培品种。

樱花
Cherry

Prunus × yedoensis "Somei-yoshino"

在 日本，这种花被称为 "sakura"，具有极为重要的地位，樱花开放不仅意味着春天的来临，而且也是孩子们新学年的开端。人们赞美它，因为它代表着万物复苏。它的盛花期只有短短的2周时间，这也提醒人们，生命是美丽而短暂的，值得珍视。人们通宵达旦地举行集会，朋友和家人汇聚在樱花树下，一边欣赏花的美丽，一边品味美食，开怀畅饮。

郁金香 "永恒的奥古斯都"
Tulip "Semper Augustus"
Tulipa "Semper Augustus"

油画《花瓶里的郁金香与黄色和粉色玫瑰》(*Tulips with yellow and pink roses in a glassvase*),简·菲利普·范蒂伦(Jan Philip van Thielen,1618 ~ 1667 年)。

郁金香原本是生长在中亚的一种野花,在波斯广受尊崇,也被看成 15 世纪奥斯曼帝国的象征。然而,真正的郁金香热却发生在 17 世纪的荷兰,荷兰人热衷此花,不惜重金购买郁金香鳞茎。这里展示的品种被称为"永恒的奥古斯都",是最受欢迎的一款,同其他带有条纹的郁金香一样,它花瓣上的条纹也是由一种病毒(郁金香条纹病毒)所致,病毒在产生彩色花纹的同时也削弱了郁金香的生命力。那时,一颗这种郁金香鳞茎的价格堪比一栋不错的住宅。

黄水仙
Wild Daffodil
Narcissus pseudonarcissus

在草地边缘、潮湿的林地以及草甸地带，3月可以见到黄水仙开放，它被认为是春天的使者。

我是一片云，
孤独地游荡在夜间的山谷；
惊鸿一瞥间，我看见，
湖边、树下，水仙簇簇，
在微风中起舞。

威廉·华兹华斯（William Wordsworth）1804年所作诗歌《我是一片游荡的云》（*I Wandered Lonely as a Cloud*）。

这是一首被公认为经典的英格兰浪漫诗作，开篇就紧扣人类与自然相互间的心灵共鸣，这样的主题也是浪漫主义艺术潮流（1800～1850年）的重要组成部分。当华兹华斯和它的姐姐桃乐茜（Dorothy）在他们位于湖区的家附近邂逅了一大片黄水仙时，他的灵感迸发，于是就有了这首诗。现如今，你仍然可以前往该处寻找灵感。

碎米三叶草
Three-leaved Cuckoo Flower
Cardamine trifolia

植物学插图，展示了这种三叶草甸碎米荠植物的植株和不同的花器。原图载于《高山植物地图集》（*Atlas der Alpenflora*，1882年）。

这种植物的花朵很小，状似野荠菜，最早的花朵可见于3月，全球许多地方都是它的故乡。种名"*Trifolia*"的意思是三片叶子。它是一种耐阴而且在一定程度上耐旱的植物，在棘手的林地地区，常被用作起装饰作用的地被。它是一种碎米荠属植物，白色花朵娇小可人，带有褶皱。

雪百合
Glory-of-the-Snow
Scilla forbesii

雪百合3～4月开花，是最早开花的鳞茎花卉之一。

这种植物的原产地为土耳其、（希腊）克里特岛地区以及塞浦路斯，其英文俗名源自它的花期非常早，花朵甚至能从雪花中冒出来。雪百合的每一株都能开出多达12朵星形花朵，花团锦簇。在花园、草地、石园或者林地边缘地区，常大面积种植。母株成熟后，鳞茎的侧面会产生一些小球茎，以此进行繁衍传播。

西亚紫荆
Judas Tree
Cercis siliquastrum

3月，西亚紫荆裸露的枝条上繁花似锦。本图展示的是栽培品种"博得奈特"（Bodnant），它在花园的一片矮灌木丛中鹤立鸡群。

这种植物原产于地中海地区的林地里，花朵呈略带紫色的粉色，数量庞大，常被作为一种观赏植物栽培。花朵开放在裸露的枝条上，此时叶子还没有长出，这使它显得尤为壮观。人们认为，犹大·伊斯加略（Judas Iscariot）在背叛了耶稣之后自缢在了这种树上，这就是它的英文俗名"犹大树"的来历。当然，也有人认为名称来自另外一个名字：犹地亚（Judea，古巴勒斯坦南部地区——译者注），因为这种树常被栽种在耶路撒冷附近。

悬垂连翘
Weeping Forsythia
Forsythia suspensa

垂连翘是花园中普遍栽培的杂交品种，原产于中国。18世纪末，它在日本的一个花园里被发现，然后在那里被销售到荷兰和英格兰。在中国、日本和朝鲜，传统上它的果实被用来治疗一些人体的小疾。每到春天，在严冬过后的裸枝上，一朵朵令人精神振奋的黄色花朵竞相开放，随之而生的是青翠的叶子，人们认为这样的景象是希望的象征。因此，这种植物也被称为"复活之树"。

右图：头上佩戴着花朵的比利·霍利迪，威廉·戈特利布（William Gottlieb）拍摄于1936年。

左图：早春季节开始绽放的悬垂连翘花朵亮丽。

好望角茉莉
Common Gardenia
Gardenia jasminoides

这种植物原产于中国南部和日本等地，因能散发出强烈的气味而受到喜爱。它的花香浓烈，可用于制造香水，但因为价格昂贵，所以经常采用合成品替代，或者使用一些其他白色花朵，例如茉莉花或者橘黄色花朵来产生这种香气。演员比利·霍利迪（Billie Holiday）曾经为了遮盖被卷发钳烫伤了的一缕头发而佩戴了几朵这种花，却发现自己对这种造型特别喜欢，后来干脆就在所有的演出中都采用这种造型。

银色篱笆树

Mimosa

Acacia dealbata

为庆祝国际妇女节，位于佛罗伦萨的米开朗琪罗雕塑《大卫》的头部被戴上了这种花的花环。

这种树原产于澳大利亚东南部，花店里可以见到它的花。在每年3月8日，欧洲及美洲的部分地区为庆祝国际妇女节，会把它当作礼物。1946年，当第二次世界大战结束时，意大利妇女为庆祝胜利日，一束束金合欢被当作活力、理性、体贴的象征被献给教师、母亲、姊妹，以及妻子们。

墙头花
Wallflower
Erysimum bicolor

这种植物是一种更为常见的栽培种"紫色鲍尔斯"（Bowles Mauve）的野外近亲，几乎是常年开花。

这是甘蓝菜家族的成员，可见于老旧的墙壁或峭壁之上，被视为一种忠诚的象征。它的花期很长，因此是各种传粉昆虫的很好的蜜源。它的来源很有可能是地中海地区，但由于在花园中栽培已经有相当长的时间了，已经没有人能够确切说出它的源头。如果一个人孤僻懦弱，游离于社会生活的边缘，则我们说他就是一株墙头花，就像这种花生长在墙上那样。

大马士革鸢尾
Species Iris
Iris damascena

路克索（Luxor）附近的卡纳克（Karnak）神庙中图特摩斯三世国王的雕像。照片来自莱奥·贝克学院（Leo Baeck Institute）档案，约1930年。

埃及国王图特摩斯三世（Thutmose Ⅲ）（公元前 1479 ~ 前 1426 年）是鸢尾的铁杆粉丝，或许还是最早将它种植在花园里的人之一。当他征服叙利亚时，发现了一笔意外的财富，这就是生长在那里的品种各异的鸢尾。他将它们带回埃及，并广为种植，用此代表着埃及人的精神及新生。埃及人相信，这种花的 3 片花瓣分别代表着信心、智慧和勇气。

蔺草
Striped Squill
Puschkinia scilloides

这种带有条纹的花3月开放，是春天的使者。

这种植物的故乡在西亚以及高加索地区，它的名字来源于俄罗斯化学家、植物采集者阿波洛斯·阿波洛索夫维奇·穆辛－普希金伯爵（Count Apollos Apollosovich Mussin–Pushkin）。19世纪80年代早期，在一次植物学考察中，他发现了这种植物，并将其引种到欧洲的花园中。这种植物的花具有辛辣的气味，花瓣上有一条贯通的蓝色条纹，逗人喜爱。这种鳞茎植物植株矮小，通常被种植在花园或者林地的边缘地带。

右图：3 ~ 4 月，犬
齿赤莲在林地或花
园中展露身姿。

对页上图：在澳大
利亚的仲夏季节和
秋季，山龙眼鲜花
怒放。

对页下图：香堇菜
花朵可以食用，常
被用来装饰蛋糕，
也被用作芳香剂。

犬齿赤莲
Dog's Tooth Violet
Erythronium dens-canis

这种植物的俗名来自它长长的鳞茎，而不是花的外观。它是本属中唯一原产于欧洲中部和南部的品种。早春时节，每株植物只开一朵花，呈白色、粉色或淡紫色。植物的叶子可以食用，被用作沙拉；不同品种的鳞茎均可生产淀粉，用于在世界各地制作意大利面或其他各种面条。

山龙眼
Bird's Nest Banksia
Banksia baxteri

这种植物只在西澳大利亚有发现，生长在营养匮乏的沙丘上。它的椭圆形穗状花序呈具有浪漫气息的柠檬黄色，看起来很像鸟巢，在花店里很常见。这种植物已经适应了贫瘠的生长环境，根系呈丛状生长。这种根也被称为"蛋白根"，在紧挨落叶层的下面，形成一个厚厚的垫子，因为它能够对土壤进行化学改良，使其中的营养成分更容易溶解，因此使植株可以汲取更多的营养。

香堇菜
Sweet Violet
Viola odorata

这种植物生长在林地的边缘地带，相比于与它几乎完全相同，只是没有任何气味的近亲犬堇菜（dog violet，*Viola riviniana*），它的知名度稍有逊色。它的花通常是蓝色的，但偶尔也会见到白色或淡紫色的。传说，这种花的花香你只能闻到一次，因为它会"偷走"你的嗅觉。这样的说法也有一定的事实依据，因为它确实含有 β - 紫萝酮，这种化合物具有暂时关闭嗅觉受体的功能。

铁兰
Air Plant
Tillandsia ionantha

为了展示，你可以将这种植物捆绑在树枝上。图片中还有另外一种铁兰。

这种植物是菠萝的近亲，原产于中美洲以及墨西哥，据说已经在佛罗里达一些地区引种成功。它是一种常见的室内植物，在浴室以及其他潮湿但光线好的室内环境中能够良好生长。它依靠吸收空气、雨水中的水汽和养分，开出斑斓的花朵。在野外，它将自己附生在树上，汲取环境中的水分。花期过后，它会缓慢死亡，但会生出很小的分枝继续生长，延续母株的生命。

猫柳

Pussy Willow

Salix caprea

在成熟的猫柳雄性花序上，可见到黄色的花粉。

这种柳树也被称为山羊柳（goat willow），雌花和雄花开在不同的植株上，每一植株具有单一的性别。它的花没有花瓣，属于柔荑花序。雄性花序初长出时呈椭圆形，毛茸茸的，呈灰白色，看上去颇似猫的脚掌，这也是它俗名的来历。随着雄花的成熟，花粉长出，使花的颜色变为黄色，而雌性花序则更长，且呈绿色。这种植物靠风媒传粉，授粉后雌性花序结出带有绒毛的种子。花店里很喜欢将带有毛茸茸的雄性花序的枝条用于装饰。

白车轴草
White Clover
Trifolium repens

这是原产于英国、欧洲以及中亚草原地带的一种常见植物，它的叶子构成了三叶草的形状。虽然每片叶子都由 3 片小叶构成，但偶尔你也会发现由 4 片构成的，这被认为是幸运的象征。它的花能产生大量的花蜜，对大黄蜂和蜜蜂很有吸引力。在草坪上种植这种植物对这些传粉者大有裨益，同时它也是蓝蝶的食物来源。

ST·PATRICK·PRAY·FOR·US

庭园天芥菜

Heliotrope

Heliotropium arborescens

上图：3月，庭园天芥菜的紫色花朵大量开放。

左图：在位于爱尔兰基尔肯尼（Kilkenny）的一座教堂的彩色玻璃窗上，圣帕特里克手持一株三叶草的图案。

这种植物原产于玻利维亚、哥伦比亚和秘鲁，在世界各地的花园中都较常见。它的花朵丛生，散发出香甜气味。其属名来自希腊语"helios"和"tropos"，分别表示"太阳"和"转向"，因为人们曾错误地认为，它的花可以如向日葵那样跟随太阳转动。因为它对羊、牛、马等动物具有一定毒性，所以在澳大利亚已经成为一种入侵物种，给牧场带来了很多问题。

裂柱鸢尾
Crimson Flag Lily
Hesperantha coccinea

在南非，野生的裂柱鸢尾夏末与秋天开花。

这种植物是鸢尾科的一员，原产于南非和津巴布韦，在欧洲的花园被普遍栽培。星型的花朵呈鲜亮的红色，属名中的"*Hesperantha*"意为"傍晚的花"，一些大型蝴蝶例如"桌山美人"，还有一些蝇类都是它的传粉者。它生长在近水地带或沼泽边缘，这也说明了为什么它也被称作江百合。

在欧洲，无论是在野外还是在花园里，都可以见到这种有强烈芬芳气味的花。

风信子
Common Hyacinth
Hyacinthus orientalis

这种花的故乡在土耳其的中部与南部、叙利亚的西北部以及黎巴嫩，在世界许多地区的花园里或室内也有栽培。因为室内人工条件下的温度更高，所以花期更早。民间传说称，嗅闻风信子鲜花有助于解除忧愁、减轻悲伤，甚至可以防止做噩梦。根据希腊传说，雅辛托斯（Hyacinthus）在一次与光明之神阿波罗的掷铁饼游戏中死亡，从他的血中长出了这种花。也有人质疑说，这个故事中的花究竟是指何种花并没有定论。

多报春花 "镶边金"
Polyanthus "Gold Laced"
Primula "Gold Laced"

上图:"镶边金"的花朵中心是金色的,与花瓣形成强烈的对比。

对页上图:春天里,芬芳的常青络石花花朵竞相绽放。

对页下图:榅桲深红色赏心悦目的花朵。

这类植物花茎粗壮,支撑起了多支花朵,而不像普通报春花(*Primula vulgaris*)那样在每个花茎上只有一朵花。普通报春花与黄花九轮草在自然条件下杂交,产生了假牛唇报春(*false oxlip*,*P. × polyantha*)。"多报春花"的说法第一次出现是在17世纪,那时这种花已经因为其亮丽的外观而大行其道。维多利亚时代,人们特别喜欢园艺栽培种"镶边金",它的花瓣是金色和黑色的。

络石
Star Jasmine
Trachelospermum jasminoides

络石又称"星茉莉",但实际上它根本就不是茉莉花属的品种,只不过长得像茉莉花而已。它特别容易栽培,能够耐受很低的温度,在许多地区甚至冬天也不凋谢,而且它的花香也非常类似于茉莉花。在它的原产地中国和日本,这种花被用来制作精油以生产香水。它还被称作"商旅指南针",因为在乌兹别克斯坦有这样一种说法:如果商旅的品行足够好,那么这种花会指向他们要去的正确方向。

3月23日

榠楂
Chinese Quince
Chaenomeles speciosa

这种落叶灌木的故乡在东亚。在成熟的植株上,深红色的艳丽花朵在叶子长出之前就抢先绽放,美不胜收。正因为如此,它有时被修剪成靠墙生长的树形,以反衬它的花朵,产生最佳效果。花期过后,会结出绿中带黄的果实,鲜果味苦,通常用来制作蜜饯。

款冬
Coltsfoot
Tussilago farfara

早春季节，款冬的花朵先于叶子绽放，所以它有时也被称为"先父子"（son-before-father，子先父后之意）。

款冬春季开花，呈明黄色，很像菊花。开花时叶子还没有长出。它的叶子背面呈银白色调，很有特点。历史上，这种植物被用来治疗咳嗽，所以有时也被称为咳嗽草，但研究发现，它实际上对人类的肝脏有毒副作用。早在 1 世纪，博物学家老普林尼（Pliny the Elder）就曾建议吸食款冬，因为这对身体是有益的，尽管后来这种说法被证明不正确，但它仍然被当作一种烟草的替代品。

塞维利亚柑橘手工
上色植物学铜版
画，原载于莫登
特·德罗奈（Mo-
rdant de Launay）
1820 年所著《业
余爱好者奥多特
的植物标本集》
（*Herbier General
de l'Amateur, Au-
dot*）。

塞维利亚柑橘
Seville Orange
Citrus × aurantium

这种植物的花具有强烈的芬芳气味，人们认为它可以带来好运气。用它的花瓣制成柑橘花水在食品加工中使用，特别是用于甜食与烤制食品，这种做法在法国以及中东地区非常普遍。将蜂房放置在柑橘树林子附近，可以产出一种丝滑、淡雅的蜂蜜，称为柑橘花蜜，这种蜜的突出优点是维生素 C 含量很高。

欧洲越橘

Bilberry

Vaccinium myrtillus

欧洲越橘生长在林地和荒地中，这里所展示的是芬兰的景象。

这种果实是商店里所售那些蓝莓的野生近亲，但它的花青素含量更高，有利于我们的血液循环，这是因为它们没有受到人类的改良，改良通常是为了改善口味、增大个头儿而牺牲了营养成分。它的故乡包括欧洲大陆北部、不列颠群岛，一直到亚洲北部和北美洲的西部。它的花很小、白色、管状，果实可以食用。据说，第二次世界大战中的士兵为了改善夜间视力曾经食用这种果实，今天仍然有一些飞行员为了这个目的而食用这种果实。

普通榅桲
Quince
Cydonia oblonga

《俄诺涅与帕里斯的故事》（*The Story of Oenone and Paris*）画作的局部放大图，作者弗朗西斯科·迪乔治·马丁尼（Francesco di Giorgio Martini，1460年），图中描绘了帕里斯正把金"苹果"送给阿弗洛狄忒的场景。

这种小型的树木原产于亚洲西部，要使它开花，温度必须低于7℃而且要持续至少两星期。它的花朵呈粉红色和白色，单生。人们认为，在希腊神话中，帕里斯（Paris）送给阿弗洛狄忒（Aphrodite）的"金苹果"就是榅桲的果实。直至今天，希腊人仍将这种果实遵照传统制作在婚礼蛋糕中，因为它有着催情剂的名声。

壮丽贝母
Crown Imperial
Fritillaria imperialis

每年春天，壮丽贝母从地下鳞茎长出，绽放出亮丽花朵，气度非凡。

这种植物原产于亚洲西南部地区，跨越喜马拉雅山脉。它花型硕大，引人注目，在世界各地均被用作花卉造型的核心元素。鲜艳的橘黄色花朵从植株的顶端垂下，内部可以看到 6 个蜜腺上挂着大大的蜜滴。在伊朗的民间传说中，这种花低垂的脑袋以及花蜜形成的"泪滴"意味着悲伤，无论这种悲伤是来自至亲的亡故还是宗教情感，抑或对神灵的思念。

牛皮菜
Pasqueflower
Pulsatilla vulgaris

这种被称为"复活节银链花"的英国"原住民"现在已非常稀少，不过在白垩及石灰质的草原地带还可以见到。

这种植物每年在复活节前后开花，因此也被称为"复活节银莲花"（anemone of Passiontide），它的故乡在欧洲以及亚洲西南部地区。在英国，由于18世纪以来草地管理模式的改变，特别是由于食草动物种群数量的减少，这种花已很少见。这种花还与英国暴力的历史相联系：由于它主要生长在边界地带，所以传说它是在战斗中被罗马人或丹麦人鲜血浸染过的土地上开放。

岩白菜
Heart-leaf Bergenia
Bergenia crassifolia

从晚冬季节到春季，都可以见到这种被广泛栽培的花园植物的花朵绽放。

这种植物的英文俗名也称为"猪叫"（pig squeak），因为当你用手指揉搓它的叶子时会发出类似声音。此外，还因为其形状而被称为"大象的耳朵"（elephant's ears）。它原产于中亚地区，但在温带国家的花园里也很常见。它的叶子是革质的，很大，从基部心形的莲座丛中长出。它以前的种名为"*cordifolia*"，拉丁文含义为"具有心形的叶子"。

罂粟状银莲花
Poppy Anemone
Anemone coronaria

罂粟状银莲花在每年3月开放，花朵绰约多姿。

这种植物原本生长在北非、南欧以及西亚，目前在世界各地的花园中都有栽培。2013年，以色列将它确定为国花，此后在每年的花开季节，都要举行长达一个月的节庆活动。这种花的希伯来名字为"kalanit"，含义为"新娘"，因为这种花绽放时美丽异常，就像婚礼上的新娘一样。

奥德利二世

Audrey Ⅱ

Little Shop of Horrors（1986 年）

奥德利二世及剧组
其他成员。

"奥德利二世"之名源于美国纽约一位姓氏为奥德利的花卉经销商，其实这是科幻作品中虚构的一种捕蝇草，它可吸食人类血液，也能够消化掉人的整个身体。只要条件适宜，它可飞速生长，个头可大得出奇。作为一种影视作品中的"天外来客"，它对电击格外敏感，因此人类可用此控制或摧毁这些特别的挑战者。

会唱歌的植物，
勇敢的英雄，
甜美的女孩，
精神错乱的牙医。

食人花小店

近年来最令人震惊的音乐喜剧！

珠鸡斑贝母
Snake's Head Fritillary
Fritillaria meleagris

虽然这种花如今已难得一见，但4~5月，在一些潮湿的草地上还可以偶尔见到。

珠鸡斑贝母原产于欧洲及西亚。在英国，它主要分布在英格兰。这种植物的花朵呈钟形，带有紫色、粉色或白色的棋盘格状斑纹，特色鲜明。它在泰晤士河等岸边地带曾经非常普遍，孩子们将其采集在花卉市场出售。但是，随着大量野花草甸的消失，珠鸡斑贝母如今也难得一见。这种植物的英文俗称既来自它像蛇一样低垂的花朵，也源自花朵上那些鳞片状的图案。

鸡蛋花
Frangipani
Plumeria rubra

一位波利尼西亚姑娘，佩戴着由鸡蛋花编成的花环，她的左耳上还有一朵盛开的鸡蛋花。

这种花的原产地在中美洲，它的花芳香怡人，堪比茉莉花。为了吸引传粉者光顾，它夜间的香气尤为强烈。在太平洋的一些岛屿上，例如夏威夷岛，这种花被当地人称为"melia"，被用来制作"leis"（花环）。在现代波利尼西亚文化中，如果一位女性在左耳上佩戴这种花，表示她已名花有主，而如果在右耳上则表示她仍待字闺中。

英国蓝铃草
English Bluebell
Hyacinthoides non-scripta

上图：在风和日丽的春季，英国蓝铃草4月初就可以开放。

对页上图：4月，娇嫩的花朵开满毛泡桐的枝头，蔚为壮观。

对页下图：4月和5月，多花狗木树上缀满了盛开的花朵。

在古老的林地里，当大部分野花尚未开放的时候，英国蓝铃草已开始盛开。它好似给大地铺上了一片蓝色的地毯，还散发出一种淡雅的花香，在阳光灿烂的日子里尤为如此。在维多利亚时代，人们将西班牙蓝铃草（Spanish bluebell）引进英国，由于这种植物比本土物种——英国蓝铃草——具有更强的生命力，甚至与英国蓝铃草进行了杂交，如今它已威胁到了英国蓝铃草的生存。西班牙蓝铃草的花朵环绕在花茎四周，而英国蓝铃草的花朵只长在弯曲的花茎一侧，通过这一点很容易识别它们。目前全世界这种植物种群数量的几乎一半都生长在英国。

毛泡桐
Foxglove Tree
Paulownia tomentosa

这种树的英文俗称为"皇后树"（empress tree）。盛花季节，树上缀满了恣意绽放的花朵，构成一幅壮美画卷，绝对值得一看。日本曾有一个习俗：当女儿出生时种下一棵这样的泡桐，成材后可用来制作女儿的嫁妆。在女儿婚礼的那一天，她可以得到一个用这棵树的木头雕刻而成的珠宝柜。

4月6日

多花狗木
Flowering Dogwood
Cornus florida

这是一种小型的落叶乔木，故乡在北美洲的东部地区，被认为是美洲原产树种中最美丽的树种之一，也是美国密苏里州和弗吉尼亚州的州树。它的花其实非常小，呈现绿中带黄的颜色，但是环绕在花周围的白色苞片非常像花瓣，这使它的花看起来倒像是一朵大花了。这种树的分叉位置低，花朵便于观赏，是一种很好的春赏花。

105

黑海杜鵑花
Common Rhododendron
Rhododendron ponticum

在古希腊语中，许多杜鹃花属树的品种名称都有"玫瑰树"的含义，这里所展示的品种原产于欧洲西南部和亚洲西部部分地区，因为能够结出大量种子，从根部也可以快速抽出新芽，使它在西欧以及新西兰的部分地区成为一种入侵性物种。研究还发现，这种花（还有该属中其他一些品种）的花蜜含有灰安毒，当蜜蜂吸食了这种花蜜后，可以产出一种"疯蜜"，对人类有害。

在苏格兰西北高地的托里登（Torridon）丘陵地带，这种杜鹃花快速地蔓延。

苹果树

Apple

Malus domestica

上图：2～5月，不同品种的苹果树相继进入花期，目前正是多数品种的盛花期。

对页图：矮林壮丽贝母4月进入花期并持续开放到5月，是时它们会展现出迷人的风采。

苹果树的绝大多数品种都不能自花授粉，因此周围必须栽种其他不同的变种才能结出果实。大多数苹果树的花朵开始是粉色的，随着时间推移慢慢变白。凯尔特人认为，苹果树的花朵象征着爱情、平安、多子，因此常用它来装点房间，制造浪漫气氛。人们还相信，这种花代表着隆冬过后生命的继续，代表着长寿，也代表着人死后生命的延续。

矮株壮丽贝母
warf Crown Imperial
Fritillaria raddeana

这是一种鳞茎植物，与壮丽贝母同属百合科，但植株较为矮小，花色较为淡雅，因此被认为是壮丽贝母（见96页）的一个小型和更加雅致的品种。这种植物原产于伊朗、土库曼斯坦以及喜马拉雅山脉西部的多岩石地区，在花园中也被作为一种观赏植物栽培。花的气味虽然不太讨人喜欢，但它粗壮的单茎顶部一簇盛开的花朵却颇具魅力，所以在花园中仍有一席之地。

夏日雪片莲
Summer Snowflake
Leucojum aestivum

这种花的花期可以接续雪花莲的花期，后者在这个时节花期已过。

这种植物在欧洲的大部分地区都可以见到，其属名"*Leucojum*"源自希腊语，意为"白色紫罗兰"。虽然它的英文俗名中有"夏天"的字样，但它的花期却是仲春季节而非夏季。人们通常将它与雪花莲相比较，但其个头要大得多，株高可达60厘米。有时人们栽培这种植物，用以在雪花莲的花期过后接续花期。这种花朵中的6片花瓣和花萼（也称花被片），大小一模一样，而雪花莲的内部3片较短的被片会形成一个"杯"形，外面的3片则更长一些。

香雪球

Sweet Alyssum

Lobularia maritima

香雪球的花期从 4 月开始，花期很长，夏季尤盛。

这种花原产于欧洲东南部的一些岛屿，现已在世界许多温带国家中成功引种，一般生长在滨海地带，在田野、墙上、山丘以及荒芜之地也能见到它们的身影。它的花具有类似蜂蜜的香甜气味，花期很长，花朵极为繁盛，几乎是只见花不见叶。这种花对蜜蜂以及蝴蝶很有吸引力，还有一些很小但有益的昆虫也会前来吸食隐藏在小小花朵内的花蜜。

111

四翅银钟花

Snowdrop Tree

Halesia carolina

4月，北美银钟花进入盛花期，可以一直延续到5月，图中的鸟正在以此为食。

这种植物原产于美国东南部的低山坡地，花形似钟，又称"北美银钟花"。它的开花时间略早于叶子长出的时间，抑或与叶子的同步长出。其英文俗名为"卡罗来纳银钟"（Carolina silverbell），因为在南卡罗来纳或北卡罗来纳的野外地区可以见到它们的身影。它的花是一种优质蜜源，吸引了大量不同种类的蜂群或鸟类光顾，其中就包括果园金莺（orchard oriole，见图）。花期过后，会结出一种带有4个翼瓣的绿色果实。

常绿难忘草
Green Alkanet
Pentaglottis sempervirens

在4月以及随后的2个月里，常绿难忘草开出类似于"勿忘我"的花朵。

常绿难忘草具有很强的入侵性，原产西欧地区，开蓝色小花，花可以食用，常被用来装饰蛋糕或沙拉。在秋冬季节，当它不在开花期时，常被错误地当成琉璃苣（borage）。它的英文俗名可能源自阿拉伯语，意思是一种染料，意味着这种植物可以作为一种廉价的染料替代来源。大黄蜂对它的花蜜情有独钟。这种植物的主根可以扎得很深，所以一旦栽种很难完全清除，它并非一种理想的花园植物。

113

鸡爪槭
Japanese Maple
Acer palmatum

仲春季节，透过鸡爪槭的新叶间隙可以见到它那微小的花朵。

鸡爪槭的故乡在日本、中国及朝鲜。它在春季开花，雌雄同株，伞状花序，花朵微小，紫中带红，只有凑近时才可以看清。它的种子是一种带翼的种荚，有时被称作"直升机种子"，意思是种子在下落过程中会在空气中盘旋，这使它们能够传播得更远，长成一株新树的机会更大。据说，在15世纪，莱奥纳多·达·芬奇（Leonardo da Vinci）曾根据自己对这种种子的研究，做出过颇似后来直升机的设计。

英国栎

English Oak

Quercus robur

这是一幅平版印刷画，系瓦尔特·穆勒（Walther Muller）根据科勒（Köhler）的《药用植物》（*Medicinal Plants*，1887 年）一书中的植物学插图创作而成，图中表现了英国栎的叶子、花还有果实等。

这种树每年春季开花，雌雄异花，雄花绿中带黄，成簇开放，呈下垂柔黄花序；雌花较小，淡红色，被一组鳞片所包围，橡子即从这组鳞片中长出。这种花靠风媒传粉，但自交不亲和，也就是说，雌花必须接受另一株树上的花粉才能够发育成果实。众所周知的一句谚语"合抱之木，生于毫末"（Mighty oaks from little acorns grow），据说早在 14 世纪就有了。

115

珙桐
Handkerchief Tree
Davidia involucrata

上图：到了4月，珙桐树鲜花盛开，像一群群悠闲的鸽子。

对页图：4～6月，欧亚槭的花蕾渐次绽放，到9～10月会结出成熟的种子。

这种树也被称为"手帕树"或"鸽子树"，它的故乡在中国西南地区的林地里。它的花是红色的，包裹在很大的椭圆形白色苞片中，看上去像挂在树上的一排排手绢。只需极为轻微的一丝风，就可以吹动苞片像鸟儿一样在树枝上摇曳，因此有了"鸽子树"这样的名字。1904年，这个树种被引进欧洲和北美洲，成为那里一种常见的观赏树种。

欧亚槭

Sycamore

Acer pseudoplatanus

欧亚槭原产于欧洲中部、南部以及西亚地区。它的花朵为黄绿色，成簇开放，呈圆锥花序，单朵花的花瓣很小，只有凑近仔细观察才能区分出雄花或雌花。雌花的位置在花序的上部（以防止雄花的花粉飘落造成自花授粉），雌花的下方是雄花，最底部则是不育花。

117

复活节百合
Easter Lily
Lilium longiflorum

在约翰·沃特豪斯的油画《圣母领报》中，天使加百利正向玛利亚献上复活节百合。

这种花象征着纯洁、再生、希望和美好的开端，它使人联想到耶稣的复活。人们相信，客西马尼花园（the Garden of Gethsemane）里就生长着这种花，在耶稣被钉死在十字架上的前夜，他曾到该花园进行祈祷。在许多基督教教堂中，4 月就用这种花作装饰，以庆祝新生。一些油画，例如约翰·沃特豪斯（John William Waterhouse）的《圣母领报》（*The Annunciation*，1914 年），还描绘了天使加百利向玛利亚献上一枝复活节百合，告诉她她将诞下耶稣。

箣竹
Common Bamboo
Bambusa vulgaris

金竹（Golden bamboo）是箣竹属的一种，它的生长速度很快，碧绿的叶冠引人注目。正如它的名字所指出的那样，它的茎是金色的。

这种竹子的原产地在印度支那以及其他亚洲热带地区，现已成为世界各地最广泛栽培的植物之一。竹子开花很罕见，需要生长许多年，而且一旦开花，植株将会死亡。人们认为，竹子的花粉繁育能力很低，因此后续无法产生种子。这种植物的传播靠的是分生，需要 7 年的时间才能成熟，形成竹丛。

119

4 月 20 日

右图：4 月开始，
冬青开始绽放出带
有芬芳气味的花
朵，有时还可以结
出奇异的状似香肠
的果实。

对页图：4 月开始
直至夏季，楼斗菜
开出大量的花朵。
花期过后，种子开
始自然生长，快速
传播。

冬青
Sausage Vine
Holboellia coriacea

这是一种常青植物，形态
别具一格，它最初来自
东亚的温带地区，目前在世界
温带地区的花园里很常见。它
的生长很快，花朵带有茉莉花
和甜瓜的混合气味，果实形状
像香肠，紫色，又像一个加长
版的李子，这就是它的英文俗
名的来历。它的果实可以食用，
根和茎在中国传统医学中均有
使用。

耧斗菜
Columbine
Aquilegia vulgaris

原生在欧洲和北美地区。这是一种典型的村舍花园植物，在林地和湿草地中常见。耧斗菜的名字来自拉丁语"鸽子"（*columba*）一词，因为这种植物的花就像一群聚集飞翔的鸽子。耧斗菜属的不同种类由不同的昆虫和鸟类为其授粉，因为不同种类花蜜袋的长度各不相同。在英国，花园中的大黄蜂可用其长吻从花中吸食花蜜，进而完成授粉工作。然而，在美国的某些地区，如加利福尼亚州的另一种耧斗菜，其花蜜袋长达5厘米，因而授粉只能由比大黄蜂大得多的鹰蛾来完成。

121

唐棣
Serviceberry

Amelanchier lamarckii

在6月结果前，朵朵白花开满树枝，十分艳丽。

唐棣树属于蔷薇科，这种树曾被称为六月莓，原产于北美，目前在欧洲也普遍种植。唐棣树开出的花为星形，白色，艳丽且芳香。开花后，在六月会结出可食用的紫黑色浆果，类似蓝莓的颜色和味道。这种果实可用于制作果酱或果饼，同时也颇受鸟类的喜爱。

一位妇人正从花茎上剥下花瓣，用来调酒。右图为亚瑟·霍普金斯的《轮草酒》（*Cowslip Wine*，1909年）

黄花九轮草
Cowslip
Primula veris

过去，在传统牧场中的草地及古老森林地带，这种植物很常见。随着这类土地的减少，现在已很难见到它们了。据说这种植物的原始名称不怎么雅致，因为它们通常生长在牧牛草场的粪料中，因此其名字可能源于古英语中的"牛粪"一词。在英国，这种植物的花可被用来给葡萄酒调味；在西班牙，这种植物的叶子可被制成沙拉来食用。

123

4 月 24 日

欧铃兰
Lily of the Valley
Convallaria majalis

在整个欧洲以及远离海岸的林地区域，人们都能目睹欧铃兰的倩影，它那银铃状的花朵、沁人心脾的芳香，都令人陶醉。据说，法国著名女装设计大师克里斯蒂安·迪奥（Christian Dior）对这种花情有独钟，他的公司于 1956 年开发了这种花香的 CD 系列香水。欧铃兰虽然价格不菲，但它的花却常常成为婚庆的首选花束。在 2011 年英国王室为威廉王子与凯特·米德尔顿举行的皇家大婚庆典上，欧铃兰就曾独放异彩。据说，人们将这种花视为福临门的喜兆。

欧铃兰的花期只有 3 周时间，开花时间在 4 月底或 5 月初。

圣诞星
Star of Bethlehem
Ornithogalum umbellatum

从4月下旬开始到5月，飘落的圣诞星花瓣，点缀在花园、牧场和林地间。

这种形似星星的鲜花完美地诠释了它的美名。这种花在非洲、欧洲和中东地区都有分布。据传说，在指引信奉上帝的智者找到耶稣诞生地之后，上帝认为这颗在空中闪耀的星星太过美丽耀眼，因此将其熄灭后抛落在地球上，碎为数片后化为了我们今天所看到的这种花。圣诞星常被用于宗教仪式，象征着圣洁、希望和宽恕。

126

赝靛
Blue Wild Indigo
Baptisia australis

赝靛的种荚可作为染料。这些豆形花会在每年的4月至6月开放。

赝靛原产于北美洲中东部地区，在草地和林地边缘地带沿着溪流生长。它深蓝色的花朵令人赏心悦目，因而成为一种园艺植物。切罗基族人和后来在美洲的欧洲移民，都有用这种花的种荚做蓝色染料的传统。据传说，将这种花种在房屋周边可以护院。这是一种有毒植物，不可食用。其嫩芽常被人误做芦笋，要格外小心。

127

葡萄麝香兰
Grape Hyacinth
Muscari armeniacum

上图：4月和5月，葡萄麝香兰处于开花期，能在较为严苛的环境下生长。

对页图：假如你没机会到访菲律宾，那么在世界许多其他地方植物园的温室内，你可以见到人工栽培的这些异域植物。

葡萄麝香兰原产于西亚和东南欧的林地和草地，在北美地区也称为蓝铃花。拉丁文属名"*Muscari*"，来自希腊语，意为"麝香"，这种花的香味与此类似。葡萄麝香兰这个名字源于该花的外形，颇似一小串葡萄以及风信子属植物的花。

翡翠葡萄树
Jade Vine
Strongylodon macrobotrys

在菲律宾热带雨林中，这种攀缘植物以其艳丽的绿松石般花朵而具有很高的经济价值。在野外，蝙蝠会倒挂在这些花朵上吸食其中的花蜜。爪形花朵组成的花簇犹如葡萄串般悬垂而下，长度可达3米。在世界各地植物温室中，这种花多被用来欣赏。在菲律宾，这些花瓣则是可口的食材。由于森林的过度砍伐，这种植物正面临灭绝的危险。

129

手工彩色铜版雕刻展示了这种植物的各种部位。选自维利鲍尔德·阿图思（Willibald Artus）博士的《药用植物手册》（*Handbook of all medicinal pharmaceutical plants*，1876年）。

斑叶阿若母
Lords-and-Ladies
Arum maculatum

这种植物原产于欧洲大部地区和北非，生长在林地区域。它的名字源自其花形部分形似人类男性和女性生殖器官。这种普通植物开花时人们很难见到。秋季时，其叶子上布满斑点，此时低处花环中会生出鲜亮的红色浆果，点缀在林地间甚为醒目。这些浆果将成为鸟类的食物。

百万铃
Million Bells
Calibrachoa parviflora

百万铃的花期很长，从4月开始可一直延续到夏季末。

这种花与牵牛花有亲缘关系，它们原产于南美洲的部分地区以及北美洲的南部地区。百万铃这个名字归因于每棵植株都能开出数量庞大的花朵。凡有该属植物出现的地方，就会引来大量蜂鸟。这些花比牵牛花要小，很耐寒。源自这种植物的人工培育品种在花园中都可繁茂生长。

五月花
Mayflower
Epigaea repens

种植物发现于北美洲。人们相信，当清教徒祖先移民乘船首次在普利茅斯（位于今天的美国马萨诸塞州）登陆时，他们发现了大量的这种植物，因此便用他们的船名将其命名为"五月花"。后来，五月花被选定为马萨诸塞州的州花。这种植物是一种低矮的蔓生灌木，开出的小花有5叶花瓣，花色白或粉。

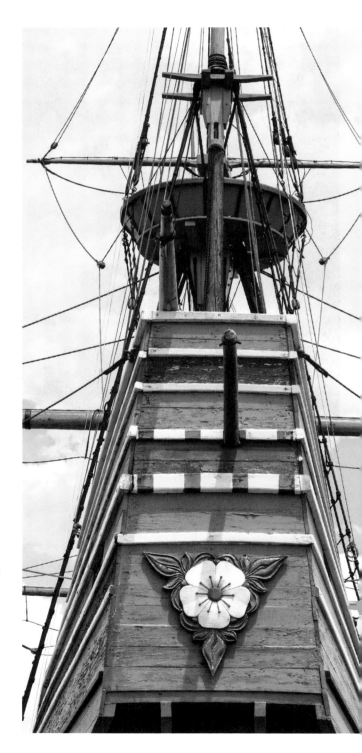

山梅花
Mock Orange
Philadelphus coronarius

上图：山梅花的花期为春末至夏初。

左图：一般"五月花"号船的复制品，船尾上绘制的是一朵五月花。

山梅花原产于欧洲南部，英文俗名"Mock Orange"源于其花形酷似柑橘和柠檬。花香除了带有茉莉香气，还会让人联想起柑橘的味道，吸引着蜜蜂和蝴蝶前来授粉。这种植物可在温带地区花园中生长并开出芳香的花朵，让那些不宜生长柑橘的地区似乎也可看到柑橘树。

杜鹃

Azalea Rhododendron

Rhododendron indicum

杜鹃的花期为 5 月
至 6 月，花色绚
烂，具有浓郁的东
方情调。

杜鹃暮春至，哀哀叫其间。
我见常再拜，重是古帝魂。

——杜甫《杜鹃》

在中国的传统文化中，杜鹃花以"思乡树"著称，代表着对故乡的思念
之情。在中国唐代诗人杜甫的描绘下，杜鹃名扬天下。杜甫被众多评
论家视为中国最伟大的诗人，其诗作广为流传，影响了包括莎士比亚在内的
众多文学家。杜鹃花已经被选育了数百年，目前杜鹃花科有 1 万多个品种，
在世界各地广泛种植，身影遍及亚洲、西南欧和北美洲。

加利福尼亚紫丁香

Blueblossom

Ceanothus thyrsiflorus

加利福尼亚紫丁香的花期从春末开始，大约持续6周时间，有时甚至会在10月再度盛开。

这是一种常绿矮灌木，生长在美国加利福尼亚州等地区，因此称为加利福尼亚紫丁香。这种植物的受粉者众多，包括蝴蝶、鸟类和蜜蜂等。属名"*thyrsiflorus*"源自古希腊语，意思是"呈圆锥花序或冠状花序排列的花"。现在，加利福尼亚紫丁香在加州生态系统中扮演着重要的角色，因为在美洲的殖民土地上，同属的其他物种早已被一场场野火焚毁殆尽。

亚马孙月光花
Amazon Moonflower
Selenicereus wittii

白色的亚马孙月光花在很短时间内会长出全部花蕾，这些花蕾的绽放只有一夜时间。

这种花长在亚马孙森林中的树干之上，属仙人掌科植物，花瓣很长，白色，在花冠筒上可结出长达 27 厘米的果实。纤细而纯白瓣状被片能强烈反射紫外线。每朵花只开一夜，通常从傍晚初绽，2 小时之内会完全绽开。在完全绽放前，花散发出浓郁的芳香，但随着花的不断成熟，其气味也变得难闻起来。在野外，仅有两种天蛾能给这种花授粉，因为它们的吻部很长，可以吸到位于花冠筒底部的花蜜。

日本安息香
Japanese Snowbell
Styrax japonicus

日本安息香在5月和6月盛开，图片中展示的是人工培育种"粉钟"（Pink Chimes）。

原生地为中国、日本和朝鲜，生长在森林周边。这种树会开出艳丽的白花，气味芳香。花呈铃形，成簇生长。由于树叶朝上生长，因此在树的下方很容易看到这些花。这种植物首先在日本被收集并于1862年引入西方，因此称为日本安息香。实际上，在英国和世界其他地区植物园开始种植之前，东方很早就开始培植这种植物了。

137

荆豆
Gorse
Ulex europaeus

普通荆豆从早春开花，可延续到夏末。在城镇、荒野乃至海滨草地，都可见到这种植物。

沿着农田的地边常可见到这种植物，因为农民常常在这里种植这种多刺的灌木，既可防止外面的野兽入侵，也可防止里面的家畜外逃。这种植物柔软的嫩枝可为牛羊提供饲料，而老枝被焚烧后回填土地可作为肥料。这种植物的花期很长，常常整年开花。故有谚语道："荆豆花谢日，四季告别时。"

白流苏树
White Fringetree
Chionanthus virginicus

白流苏树在每年的5月和6月开出艳丽的白色花簇。

白流苏树又称老人须，这种树开出的白花很优雅，气味芳香，散穗状花序可长达20厘米。白流苏树分为雄树和雌树，雄树开出的花很艳丽。这种植物原产于苏格兰低地以及美国南部热带稀树草原地带，也可在气温较低的北方地区生长。美洲土著人习惯用晒干的白流苏树的树根和树皮治疗皮肤灼热症。

欧洲七叶树
European Horse Chestnut
Aesculus hippocastanum

图中描绘的是欧洲七叶树开出的带有艳丽雄蕊的花朵。选自皮埃尔－约瑟夫·勒杜泰（Pierre-Joseph Redouté）的《树木与灌木公约》（*Treaty of Trees and Shrubs*，1800 ～ 1830 年版）。

欧洲七叶树原产于巴尔干半岛，16 世纪晚期从土耳其引入英国。这种树开出的白花带有黄色斑点，当花朵被授粉后即变为红色，随之降低了对昆虫的吸引力，从而将昆虫引至尚未被授粉的花朵。这些树的生长周期可超过 300 年，因结出光滑的红褐色树果而闻名。树果在初秋时节成熟坠落，将其用绳子串起来后，可被儿童用来玩"串果游戏"，1848 年在怀特岛首先兴起了这种游戏。

140

蓝喉草
Blue Throatwort
Trachelium caeruleum

盛开的蓝喉草花具有浓郁的香味，花期很长，通常于初夏开放。

这种植物原产于地中海地区，开出的花形成一大片，对蜜蜂很有吸引力。其俗名和学名都与其能治疗喉疾的用途有关。属名 *"Trachelos"* 在希腊语中就是"脖子"的意思。这种植物易于反复播种，在花园中很流行，有自然或田园风光的意境。用作鲜切花进行观赏时，最好在只有四分之一花朵开放时连同花茎一起采下来，这样花朵在花瓶中可维持绽放两周时间。

141

紫藤
Wisteria
Wisteria sinensis

当人们一见到长满紫色花朵的细长枝条，便马上会认出这是紫藤。这种植物在欧洲和北美通常会与老房子相伴而生。紫藤可活百年以上，易于被架起来生长，春季可开出大量带有香甜味的豆状花朵。人们认为紫藤象征着爱情与长寿，很适于沿房屋墙壁攀爬生长。1816年，在中国广州履职的茶叶总督约翰·里夫斯（John Reeves），首次将这种植物带回英国，之后在西方一直广受欢迎。实际上，在中国和日本，紫藤具有悠久的人工培育历史，很早就成为一种受推崇的花园观赏植物。

紫藤在4～6月开花，但在8月也可再度开放。花匠们在紫藤花期过后修剪枝条时会很小心，不能剪掉来年要萌芽的部位。

拜占庭剑兰
Byzantine Gladiolus
Gladiolus communis subsp. byzantinus

剑兰（左）与蛾蝶花（中），日本手工彩绘木版画（1900年）。

拜占庭剑兰原产于南欧和北非地区，可在英国野外见到源自花园的野化品种。由于外形似剑，因此得名"剑兰"。学名中的"gladius"源自希腊语，意为罗马武士使用的短剑。据说，古罗马的角斗士会将剑兰的茎绕于颈部，以象征力量和正直。剑兰还象征着狂热的迷恋，因为剑形叶片代表俘获对方内心的能力。此外，剑兰也代表着回忆，常被用于结婚40周年的纪念活动中。

雪球玫瑰
Guelder Rose
Viburnum opulus

在6～7月开花后，雪球玫瑰便可结出红色的浆果，可用在食物和饮料中，如用来装饰传统的乌克兰面包。

雪球玫瑰是一种落叶灌木，生长在英国森林周边、河岸两旁、老旧灌木树篱旁等，在欧洲、北非和中亚地区也很常见。花簇外周的大花是不结果的，作用只是吸引授粉者前来，以给花簇里面的可结果小花进行授粉。其英文名称"guelder rose"源自荷兰海尔德兰省生长的雪球树（Viburnum opulus "Roseum"），一种很流行的人工培育品种。此花可寻迹于乌克兰的民间艺术中，包括诗歌、刺绣以及视觉艺术。人们认为这种植物的红色浆果象征着血脉与故乡。

金莲花
Common Laburnum
Laburnumanagyroides

金莲花生长在欧洲中部和南部山区，属于豆科植物，是一个十分流行的树种，因具有极佳景观效果而被广泛种植。每到春季，黄花盛开，枝头垂下万千金丝绦，美不胜收，金莲花因此也被称为"金雨树"。16世纪60年代最早被引入英国。此后，从皇家基尤植物园到法国的莫奈花园，金莲花成为众多花园中的主要景观之一。花匠们会花大量时间修剪和照料这些植物，尽管花期只有2~3周，但金色瀑布般的景观却给人带来极大的视觉震撼。

从5月中下旬到6月，金莲花绽放出炫目的花朵，组成了条条悬垂的总状花序。

洋丁香
Common Lilac
Syringa vulgaris

年轻的农牧神吹着箫，追忆往事。此幅水彩画名为《田园诗》（*Idyl*），是玛利亚·佛图尼（Maria Fortuny）为纪念希腊丰产神"潘"于 1868 年创作的

洋丁香的花具有浓郁的香甜味。16 世纪末，这种植物从巴尔干半岛的土耳其花园中引入北欧。根据古希腊神话，丰产神"潘"（Pan）遇见仙女"丁香"（Syringa）后坠入爱河，"丁香"为躲避"潘"而把自己变成一株植物。"潘"寻踪而至，发现了这个植物，于是用其中空的茎干做成了自己吹奏的排箫（也称潘箫）。

牡丹
Peony
Paeonia lactiflora

每年5月，牡丹盛开，富丽堂皇。

在中国，牡丹被尊为花中之王，是中国传统花卉的象征。具有悠久文明历史的古都洛阳以培育牡丹而闻名，被誉为"花都"，每年都会举办展会展示牡丹花。牡丹是中国花园中的名花，也是宴会上经常摆放的鲜花。尽管一年中仅有几周的花期，但它们总能给人留下极深的印象。牡丹花雍容华贵、花瓣艳丽，气味柔和清新，堪称花园中的百花之魁，是富贵、荣耀与爱情的象征。

黄百灵
Yellow Corydalis
Pseudofumaria lutea

黄百灵的花期很长，从春分开始开花，可一直延续到初霜时节。

黄百灵的另一个学名是 *Corydalis lutea*，*Corydalis*，在希腊语中意为"百灵鸟"。用百灵鸟命名是因为这种植物的花距与百灵鸟的足刺类似。黄百灵的叶子与蕨类类似，原产于意大利和瑞士阿尔卑斯山脉的山麓丘陵地带，但在北半球的温带地区也有广泛分布，常见于花园、林地、墙缝中。黄百灵于 16 世纪被引入英国，在英国不同地方有不同的俗称，如在多赛特郡被称为手指花或拇指花，在苏赛克斯郡被称为吉普赛蕨，在威尔特郡则被称为爆竹花。

亚洲毛茛
Persian Buttercup
Ranunculus asiaticus

亚洲毛茛在 5 ~ 6
月持续开花。

这种植物的花期大约有 6 周，作为鲜切花放在花瓶中可持续开 7 天。在景观花园中培植的重瓣花品种（有很多花瓣）非常适合做鲜切花。培植品种从球茎生出，能开出很大的花，形似玫瑰，最适于在秋季种植。毛茛原产于北非、南欧和亚洲的西南部，已有数百年的栽培历史。

151

琼花
Fringe Cups
Tellima grandiflora

这种植物原产于北美洲西部多雨的森林地带，后被引种到英国和爱尔兰。据说目前已有源自花园的野化品种。此花成熟后花色会变为浅红色。北美洲的斯卡吉特人保持着将其作为药用植物的传统，将花碾碎后，熬制成汤有助于治疗食欲减退症。

草地碎米荠
Lady's Smock
Cardamine pratensis

左图：从5月到7月，琼花会长出很高的穗状花序，花成熟后会变为粉色。

上图：5月到6月为草地碎米荠的盛花期，会开出大量淡粉色的花朵。

它也被称为布谷花，据说在英国它会在每年布谷鸟第一声鸣叫时开放。通常这种花是祭献仙女用的，人们认为把此花放在室内或种在花园中并不吉利。不过，在英国各地以及欧洲和西亚的大部分地区，这种花很常见。此花也被引种到了北美部分地区，可能源自花园培植的品种。据说此花的名称也与在这种植物上时常发现"布谷鸟唾液"相关，实际上这是昆虫"沫蝉"（俗称"吹泡虫"）所为，而不是布谷鸟。

接骨木花
Elderflower

Sambucus nigra

将鲜花从接骨木花的花茎上摘下来，浸泡后可做甜酒。

用接骨木花制作甜酒在维多利亚女王时代很流行，最早可追溯到古罗马时代。在雨季来临前采集嫩花，可防止花粉被雨水冲走，此时的花具有花蜜的芳香，富含维生素 C。将采集的花头浸泡在加有柠檬汁的糖水中，这样有利于保存。将这种混合的液体过滤并用水稀释后，便可调制甜酒或杜松子酒。

山楂树

Hawthorn

Crataegus monogyna

山楂树在每年的 5 月开花。

山楂树的花为白色，有时呈桃粉色，香味浓郁，花簇扁平。在凯尔特人的神话故事中，山楂树被称作仙女树，据说仙女就住在树下，因此成为爱与守护的象征。山楂树是最神圣的树种之一，直到现在，在爱尔兰仍然受到人们的尊崇。1990 年，爱尔兰正在建设中的 M18 号高速公路（从利默里克到戈尔韦）被叫停，就是因为规划路线威胁到了一棵仙女树。一场由民俗学研究者埃迪·莱尼汉（Eddie Lenihan）发起的抗议运动，导致高速公路改道，最终这条高速路通车时间延后了 10 年。

欧洲花楸
Rowan

Sorbus aucuparia

这幅绘有花、叶和果实的欧洲花楸手工彩绘植物插图，选自丽贝卡·海伊（Rebecca Hey）的《植物之灵》（*Spirit of the Woods*，1837年）。

欧洲花楸原产于西亚和欧洲，有人认此树具有魔力，象征勇气和智慧，可避邪。在新德鲁伊教中，它被称为"门户树"，被认为是从这个世界跨越到另一个世界的门槛。据说，长在每个浆果上与茎秆相对的五个小点所构成的五角星标记，是一种古代护身符。

野草莓

Wild strawberry

Fragaria vesca

野草莓每年 4～7 月开花，然后会很快结出香甜的小浆果。

野草莓属于蔷薇科草本植物，果实可食用。尽管野草莓个头比人工培植的商业化品种小得多，但口感比较甜，还带有一些香草味。在中世纪，基督教教堂将草莓确定为圣母玛利亚之果。这不仅是源于其叶片有三裂，代表了神圣三位一体，而且其花朵为五瓣，代表了救世主基督受难时的五处创伤，而红色浆果则代表着基督流出的鲜血。

西西里岛蜜蒜
Sicilian Honey Garlic
Allium siculum

西西里岛蜜蒜在春末夏初开花，形成的花簇很优雅。

这种植物原产于土耳其、法国南部、意大利及周边地区，喜爱在潮湿阴凉的林木中生长，花形为铃铛状，花簇十分优雅。由于花朵艳丽，而且叶子也具有一种曲线美，因此常被作为花园观赏植物来种植。此外，这种植物还可用于厨房烹调，在保加利亚，其叶子被当作香料使用。与洋葱类似，当它被切碎或压榨时，会释放出一种催泪的化学物质。

犬蔷薇
Dog Rose
Rosa canina

16世纪英国的彩绘玻璃，上面绘制的是约克郡的一个家族纹章，中间部位为一株犬蔷薇。

在灌木树篱和林地边缘，将这种多刺的攀缘植物间杂于其他灌木中，可对树篱起到支撑作用。其花朵形状是英国中世纪纹章图案中常用的象征符号。在德国，据说仙女们会用这种花来隐身。开花过后会结出可食用的蔷薇果，这些果实饱含果汁糖浆，富含维生素C，对人体健康很有益处。

159

俄罗斯橄榄
Russian Olive
Elaeagnus angustifolia

从5月下旬开始至6月，俄罗斯橄榄树会开出带有甜香味的小黄花。

俄罗斯橄榄原产于亚洲及其毗邻地区，目前在北美也有广泛种植。俄罗斯橄榄树这个俗称源自它类似于橄榄树，当然两种植物间并没有密切的关联。在波斯人传统的春季庆典活动诺茹兹节（Nowruz）中，将这种植物绘于桌面图案中，以此象征爱情。在伊朗，将它的果实晒干后研磨成粉，与牛奶混合后用来治疗关节伤痛和关节炎。

鹅掌楸
Tulip Tree
Liriodendron tulipifera

鹅掌楸开出的花很华丽，通常5～6月为盛花期。

鹅掌楸原产于北美洲东部地区，其杯形花较大，很像郁金香花。这种植物属于花园中的流行树种，可形成大片的树荫，所占据空间很大，树高可超过35米，寿命长达百年。鹅掌楸属于木兰科植物，它是美国印第安纳州、肯塔基州和田纳西州的州树。鹅掌楸的花极受蜜蜂的喜爱，树干可作为木材使用，重量较轻且易于加工。

5月29日

小糠米百合
Common Camas
Camassia quamash

小糠米百合原产于北美洲西部地
区，暮春时节开花，深蓝色，
主要生长于草原牧场和沼泽湿地中。
由于对周围环境具有良好装饰效果，
常被引种于草地之中。加拿大和美
国原住民也把这种植物作用一种食
物。开花过后，下面的鳞茎会被采
收起来，可煮可烤。煮制后能产生
黏稠的糖浆；烤制后则类似番薯，
味道更甜一些。不过，食用过多可
能会导致腹胀。

5月30日

香雪兰
Freesia
Freesia refracta

当下我们种植和购买的各种香
雪兰均培育自野外株，如带
有蝴蝶状黄花瓣的香雪兰。香雪兰
原产于南非，可用于制作香水；因
花香清新，也常作为鲜切花摆放在
宴会上。在北半球，香雪兰在夏初
开花，花匠们会在秋季之前植下球
茎，并修剪掉最早开出的那些花。

迷迭香
Rosemary
Salvia rosmarinus

迷迭香在地中海地区的自然环境中随处可见。在许多文化中，迷迭香都是神圣的。相传，此花本是白色，后来圣母玛利亚为避开希律王对婴儿耶稣的伤害，飞越至埃及。途中，她将蓝色衣裙挂在迷迭香树上，从而将白花染为了蓝色。染色后的迷迭香被种植在修道院的花园中。据说这种植物具有许多正能量，如驱赶邪恶、保护众生。迷迭香精油还有助于增强记忆，这是一个相传了数百年的说法，莎士比亚曾在其著作《哈姆雷特》（*Hamlet*）中借奥费利娅（Ophelia）之口说出："这是迷迭香，它将使你回忆起一切"。最近的科学研究发现，这种说法是有依据的。

对页上图：小糠米百合在4月开花，呈现出图片中的色彩，而且花朵会成簇生长。

对页下图：香雪兰初绽之时也预示着夏季的到来。这种植物一般种在花园中，开花后常作为鲜切花装饰房间，可在花瓶中持续开放3周。

左图：在威廉姆·戈尔曼·威尔斯（William Gorman Wills）的画作《奥费利娅与雷欧提斯》（*Ophelia and Laertes*，1879年）中，奥费利娅手中拿的就是迷迭香。

Rosier à cent-feuilles foliacé.

P.J.Redouté   Langlois

百瓣玫瑰
Rose of a Hundred Petals
Rosa × centifolia

这幅彩雕插图名为《百瓣玫瑰》(Ce-ntrifolia Rose)，由皮埃尔-约瑟夫·勒杜泰于1835年创作，图中展示的是一株百瓣玫瑰。

这种玫瑰的芳香优于所有其他品种，是制造香水的上佳原料。此品种是荷兰人在17世纪培育出来的，现在则遍植于法国小镇格拉斯的山海之间，作为一种香水原料被卖给全球一些最好的香水制造商。从这种玫瑰中提取的香精价值超过等重的黄金，是香奈儿5号香水的主要成分，能散发出一种复合着鲜露的特别芳香。

大叶绣球花

Hydrangea

Hydrangea macrophylla

大叶绣球在多年生基础上会大量开花，多为不孕花，花期从夏中延续至夏末。

大叶绣球花原产于日本和朝鲜，花色可变，颜色有紫、红和粉红，最受欢迎的为蓝色。土壤酸碱度会影响花的颜色，土壤酸性强花色会变蓝。如果土壤酸度偏弱，用欧石南型土壤进行盆栽，可控制绣球的花色。在日本，此花与表达感谢和歉意有关。据说，一位日本天皇曾将此花送给他爱的一位少女，以表达自己对她有所怠慢的歉意。

德国洋甘菊
German Chamomile
Matricaria chamomilla

甘菊甚至在没有开出形似小雏菊的花朵前，也会释放一种香味。因此，种有这种植物的草坪会让人心情愉悦和放松。

母菊属植物是最古老的药用植物之一。在母菊属植物中，德国洋甘菊这个品种主要用于止痛和改善睡眠质量。方法是将花采集后晒干，茶杯内放入两汤勺这种干花，用水浸泡 10 ~ 15 分钟即可饮用。这种植物可单独成片种植，也可与其他草混种在一起，进而形成一块草坪景观。草坪上的甘菊被脚踩踏时，会释放出令人放松的近似苹果味的芳香。

草地毛茛
Meadow Buttercup
Ranunculus repens

儿童用这种植物玩游戏，将毛茛花举到彼此的下巴下，以测试谁更喜欢吃黄油。

孩子们将花举在朋友的下巴下面，看花映照出多少黄颜色在皮肤上，从而测出他（她）有多喜爱黄油。物理科学对这种有趣的颜色反射现象进行了研究，结果表明，这是因为花朵上的类胡萝卜素吸收了蓝色和绿色光线，而将黄色光线反射回来映照在了皮肤上。花瓣光滑的表面在反射黄色光线时有增强作用，也擅于反射紫外线，从而提升了这种花对传粉者（如蜜蜂）的吸引力。

欧蓍草
Yarrow
Achillea millefolium

这尊雕像表现的是临终前的阿喀琉斯，1884年创作于柏林，现在放在位于希腊科浮岛（Corfu）的阿喀琉斯宫（Achillion Palace），是这里的核心雕塑。

从古希腊时代起，蓍草就被用于治疗创伤。现代的研究表明，蓍草叶的萃取物具有抗炎和抗氧化作用。其拉丁语学名中的"*Achillea*"被认为来自希腊神话故事中的勇士阿喀琉斯（*Achilles*），因为他用蓍草疗愈了在保卫特洛伊城的战斗中受伤的士兵。相传，阿喀琉斯年幼时，母亲用冥河水给他洗了澡，因此使他身强体壮、英勇无比。然而，母亲在把他浸入冥河水中时用手握住了他的左脚跟，导致这里没有被洗到，成了他的致命弱点，阿喀琉斯最终也是因此处受到攻击而死亡。后来便有了"阿喀琉斯之踵"一说。

矢车菊
Cornflower
Centaurea cyanus

矢车菊在 6～9 月开花，绽放的大量蓝花十分漂亮，是花园中广泛种植的一种植物。

相传，1806 年普鲁士的路易丝皇后被拿破仑的军队追赶时，她将她的孩子藏在了一片野生矢车菊花中。在故事中，她让孩子们保持安静，用矢车菊编织的花环戴在孩子们的头上以藏身。如今，野生矢车菊（可长到 1 米高）已成为英国优先保护的物种，因为它们几乎快灭绝了，目前在英国大量生长的是人工种植的品种。

紫花洋地黄
Foxglove
Digitalis purpurea

紫花洋地黄是最有功效作用的药用植物之一。在传统治疗方法中，用少量的紫花洋地黄就可治疗心脏疾病、退热、缓解疼痛以及其他疾病。然而，它也具有一定的毒性，当被误做紫草科植物而食用并吸收后可能引起严重的中毒症状。传说中，仙女们不仅用此花制作花帽，还把它作为礼物送给狐狸，以助它们在夜晚悄声潜入鸡笼。

羽衣草
Lady's Mantle
Alchemilla mollis

上图：羽衣草叶片上的雨滴被炼金术士看作是最纯净的水。

左图：紫花洋地黄的花期为6~9月，高高的穗状花序色彩艳丽。

每当下雨时，羽衣草叶子表面浓密的绒毛就会抓住雨点形成小水珠。学名中的"Alchemilla"一词源自古时的炼金术士（alchemists），因为他们认为这种植物叶子表面上的小水珠是最纯净的水，用这些水珠可"点石成金"。至于其英文名"Lady's Mantle"，则源于这种植物叶片很柔软，让人感到叶子具有一种女性的温柔。

小米草
Eyebright
Euphrasia officinalis

小米草大约在6月开花，花朵小巧精致，每朵花的大小为5～10毫米。

小米草的英文名为"Eyebright"，这与其可治疗眼疾的历史有关。英国著名植物学家尼古拉斯·卡尔佩珀（Nicholas Culpeper，1616～1654年）认为这种植物确有明目作用。用于治疗时，可将小米草的部分叶子、茎干和少量的花冲制成茶饮用或打成包进行热敷。小米草的花带有鲜亮的黄色花心，似乎在告诉人们它有一双明亮的眼睛。在高山地区还生长着这类植物的许多不同品种。

喜马拉雅蓝罂粟
Himalayan Blue Poppy
Meconopsis betonicifolia

喜马拉雅蓝罂粟可在6月开花，只有在潮湿和阳光斑驳的环境下才能长好。

蓝色罂粟花的颜色十分罕见，在各类鲜花中几乎没有这样的蓝色。鉴于其独特的魅力，人们一直想培植它，后来发现所需条件很苛刻，要有阴凉、潮湿、背阳的环境才能长好。在野外的高山和林地，这种植物会在春天和初夏时节开花，花朵绽放在挺直的茎柄之上，花瓣像纸一样薄透，呈天蓝色，十分精美。1924年，蓝色罂粟花的种子被植物猎寻者弗朗克·金登-沃德（Frank Kingdon-Ward）从喜马拉雅山区带回英国，曾引起轰动，直到今天这仍是一件令人激动的事件。

173

圆当归
Angelica
Angelica archangelica

这是一幅当归的彩色石版画，根据沃尔瑟·马勒（Walther Muller）在《克勒的药用植物》（*Koehler's Medicinal Plants*，1887年）中的植物学插图而作。

人们认为，这种药用植物的名字源自14世纪植物学家、医生马托伊斯·西尔瓦蒂库斯（Mattheus Sylvaticus）的一个梦。相传，他在一次梦中见到了大天使米迦勒（Archangel Michael），米迦勒告诉他用圆当归可以治疗腺鼠疫，拯救那些受难民众。此外，人们还认为，在家中种植或放一些圆当归可以护身驱魔。事实上，这种植物作为传统药用植物已有超过4000年的历史，世界上许多地区都用它来治疗包括肺结核在内的多种疾病。

缬草
Valerian
Valeriana officinalis

这幅插图描绘的是神话中的"穿花衣的吹笛手",相传他引诱老鼠所用的就是缬草。插图由H. J. 福特(H. J. Ford)于1890年创作。

人们认为缬草对人体具有镇静作用,因此可用于改善睡眠。可将缬草做成茶来饮用,也可用其根部的萃取物做成胶囊,具有与安定药物类似的效果,而且没有任何副作用。与对人类具有镇静作用相反,这种植物对猫和啮齿类动物而言,具有类似猫薄荷草一般的兴奋作用。在"穿花衣的吹笛手"这则德国神话中,据说故事的主角就是用缬草引诱老鼠并将它们赶出哈姆林市(德国西北部城市)的。

175

酸模
Sorrel
Rumex acetosa

酸模在夏季开花，红色和黄色小花组成了穗状花序。花与叶都可作为沙拉的食材来用。

酸模也称为阔叶酸模（spinach dock），它的根系很深，生长在欧洲各地草原地带，近代已被引种到澳洲和北美地区，可在贫瘠土壤中良好地生长。这种植物在世界各地都作为食物使用，但嫩叶中草酸含量较高，具有较强的刺激味道，不宜大量食用，否则对身体有害。叶子富含维生素 A 和 C，长期以来一直被用于治疗维生素 C 缺乏病。叶与花可作为沙拉的食材，也可作为配菜来用。

玉竹
Solomon's Seal
Polygonatum multiflorum

玉竹的花期为 5 ～ 6 月，开花过后会结出黑色浆果。

学名中的 "*Polygonatum*" 一词源于希腊语，意为 "多个膝关节"，因为玉竹的根状茎上长有许多形似膝关节的节结。这种植物原产于欧洲至高加索地区，可在阴冷环境下良好生长，弓形茎干上开出的花朵十分雅致，具有很好的观赏价值。由于花朵长在茎干下侧，似乎诠释了它的另一个英文俗称 "ladder-to-heaven"（通往天堂的阶梯）。

秋英
Garden Cosmos
Cosmos bipinnatus

上图：秋英的种子播下后很易成活，夏初开花，花期很长，有时会持续到霜冻时节。

对页图：杓兰从6月到7月开花，这种花的外观不同寻常，开在自地面生出的茎干顶端。

秋英的故乡为墨西哥，墨西哥的西班牙牧师们在其传教花园中广泛种植，因花瓣分布很均匀，牧师们便用"Cosmos"一词为其命名。秋英的学名中"*Cosmos*"一词源于希腊语，意为"和谐、有序的世界"。秋英被牧师们从墨西哥带回了马德里，在18世纪末被引入英国，据推测是英国驻西班牙的大使夫人带回的，19世纪中期又从英国引种到了美国。现在，秋英已被广泛种植在各类花园中，也可做成上好的鲜切花装点室内环境。此外，秋英还能将蚜虫引开，从而保护其周边植物免受侵害。

杓兰
Lady's Slipper Orchid
Cypripedium calceolus

杓兰原产于欧洲和亚洲，常见于开阔的林地区域，如今在英国已很难见到野生品种。20世纪晚期，在英国只剩下一株从原产地引入的品种，此后英国开始对其进行人工栽培和再培育，对这株原产地品种的生长地点予以保密并加强监控以防被盗。学名中的"*Cypripedium*"一词源于希腊短语"维纳斯之足"，因为这种花形似一只娟秀的女士鞋。

179

野蒜
Wild Garlic
Allium ursinum

野蒜通常在5月和6月开花，在开花前采摘的野葱叶子味道更佳。

野蒜生长在多荫的林地间，如在森林中见到这种植物，说明这片林地形成的时间比较悠久。野蒜的花可吸引蜜蜂和其他昆虫。它也是一种受人喜爱的食用植物，叶子可做汤或者制成调味酱；叶与花均可放在沙拉中，使之带有淡淡的蒜香味。可依据一些明显特征来辨认这种植物：很强的辛辣气味，尖形叶片，每朵花由6个花瓣组成一个六角星。

茭茭草
Rose Grape
Medinilla magnifica

这幅茭茭草插图的作者是瓦尔特·胡德·菲奇（Walter Hood Fitch），摘自柯蒂斯的（Curtis's）《植物学杂志》（*Botanical Magazine*，1850 年）。

这种植物原产于菲律宾气候湿润的山区，在世界一些比较凉爽的地方需要在室内栽培。茭茭草粉色花朵组成了硕大而可爱的花环，像葡萄串似的挂在空中。人们经常见到这种植物攀缘在树上，盛花期过后会长出成串的粉红色浆果。作为一种附生植物，它们不是长在土里，而是生长在其他植物之上，靠吸收雨水和周围腐烂植物的营养为生。

181

心叶甘蓝
Flowering Sea Kale
Crambe cordifolia

在英国西南部格洛斯特郡的海德科特花园里，生长在羽扇豆和毛地黄后面的心叶甘蓝十分茂盛。

该种植物原产于高加索山脉地区，与甘蓝和其他芸薹属植物有亲缘关系。学名中的"cordifolia"来自拉丁文，意思为"心形的"，与这种植物的叶子形状相关，这些叶子可用来烹制可口的菜肴。嫩花芽也可食用，味道、形状与花茎甘蓝（broccoli）相似。这种植物开花时，会长出大量带有香味的小白花，就像放大版的满天星（*Gypsophila paniculata*）。

平安百合
Peace Lily
Spathiphyllum wallisii

如果室内气温、水分和光照充足，平安百合可多次开花。

这种植物由于具备在低光照条件下生长的能力，因此成为在世界各地广受欢迎的一种室内植物。植物收集家们最早是在哥伦比亚发现了在野外生长的平安百合。其花朵中心有一个肉穗花序，被一块白色大苞叶紧包着。由于有像百合一样的白色花朵，人们常将它与纯洁、天真和平安联系在一起，并以此为它命名。

主教之花
Bishop's Flower
Ammi majus

们最早在南欧、北非和亚洲中西部的部分地区发现了这种植物。现在，它是一种流行的花园植物，其缎带似的白色伞状花朵十分漂亮，比外形类似的峨参（cow parsley）更加精致。这种花在插花艺术中很受欢迎。如果不修剪，其结出的花籽是麻雀等鸟类的美食。在古埃及，人们用它来治疗各种皮肤病。

欧洲红瑞木
Common Dogwood
Cornus sanguinea

上图：6 月左右，欧洲红瑞木会开出白色小花。

左图：主教之花花期大约在 6 月末至 8 月，花朵形成了白色泡沫状花序。

这种植物在夏季开花，每朵花带有 4 个乳白色的花瓣，开花后结出的浆果色彩艳丽。欧洲红瑞木原产于西亚和欧洲大部分地区，现在人们将其当作一种观赏植物在世界各地广泛种植。这种植物新长出的茎干在冬季会呈现出亮丽的红色，为此，人们每年都会将这种灌木剪短以促新枝生长，供冬季观赏。欧洲红瑞木的木质坚硬，常用来制作承重的十字架。相传，当年耶稣被钉死的那个十字架就是用这种木头做的。

秋海棠
Begonia
Begonia gracilis

这种秋海棠的花期从6月开始，直到初霜时节才结束，这使它成了广受欢迎的花园植物。

在西方人记载的各种秋海棠属植物中，第一个就是这种秋海棠（*Begonia gracilis*），它在17世纪在墨西哥被发现并记载下来。目前，世界上作为商品销售的秋海棠品种超过1500种，它们都是通过野生品种杂交选育出来的。这些种子属于植物中最小的种子之一，长度仅有0.2毫米。

蜜草
Honeywort
Cerinthe major

蜜草每年 6 ~ 7 月
开花，形成一簇簇
的钟状花朵。

蜜草原产于意大利南部、希腊以及地中海周围其他地区的野外牧场和草原。学名中的 "*Cerinthe*" 取自希腊语 "keros"（蜡烛状）和 "anthos"（花）。人们在完全了解蜂蜡生产过程之前，一度认为蜜蜂是从这种花上获得蜂蜡的。上图所示的是蜜草的一个人工变种（Purpurascens），它是一种常见的花园植物，长有颜色鲜艳的苞叶和许多紫色的管状花朵。

桃叶风铃草

Peach-leaved Bellflower

Campanula persicifolia

这是 1967 年圣马力诺邮票上绘制的桃叶风铃草。

在阿尔卑斯山脉以及欧洲其他山区的森林边缘、阔叶林和牧场中，都可以看到这种花。在花园中也很常见，被认为是英国村舍花园中的一种典型植物。根据希腊的传说，一位牧羊男孩捡到一面属于维纳斯的魔镜，丘比特为了收回那个魔镜用箭射中了牧羊男孩的手，魔镜掉到地上摔成许多小碎片，在每块碎片掉落的地方便长出了风铃草。

万寿菊
Mexican Marigold
Tagetes erecta

在墨西哥，人们用万寿菊装点家庭祭坛，祭坛上还摆满蜡烛和离世亲人的照片。此图是迪士尼皮克斯动漫工作室2017年制作的动画片《寻梦环游记》（*Coco*）中的情景。

万寿菊源自墨西哥和中美洲。在墨西哥一年一度的传统亡灵节中，常用它装点家庭祭坛。人们相信，这种鲜艳的金黄色花朵散发的香气会将亲人的亡灵引到祭坛上来。人们还将它当作一种伴生植物，帮助人们在不使用杀虫剂的前提下保护更有价值的植物或农作物。运用这种技术的通常做法是在土豆、茄子、辣椒等农作物的田间种上万寿菊，以起到驱离粉虱的作用，以及阻止害虫演变成虫灾。万寿菊分泌的一种叫柠檬烃的化学物质，能有效阻止害虫的聚集。

茴芹
Aniseed
Pimpinella anisum

茴芹与甘草一起，常被人们用来制作什锦甘草糖等传统糖果。什锦甘草糖最早于 1899 年在英国的谢菲尔德生产。

茴芹原产于亚洲西南部和东地中海地区，各国茶叶生产和糖果制造中都要用它。许多烈性酒都使用茴芹籽作调味香料，包括希腊的茴香烈酒、意大利的桑布卡酒和法国的苦艾酒。人们将这种植物种在菜地里，其气味可阻止害虫的蔓延，同时还能引来害虫的天敌，这样不用杀虫剂就能保护农作物免受虫害之苦。

190

瓶子草
Pale Pitcher Plant
Sarracenia alata

从图中可看到，瓶子草开出的黄花向前探头，后面则是长长的罐状叶片。

瓶子草的变性叶片是一种捕食陷阱，被吸引的昆虫会掉入水瓶状叶片中，并被底部的液体淹死。这种植物的花可呈现出淡黄、微绿、微红等颜色，并在叶子长出前开花。花朵有长花柄支撑，这样可以避免潜在的传粉昆虫被下面的捕食陷阱困住。同时，每朵花的花头是向下垂的，这意味着花粉囊也是头部朝下的，使其更容易接触到来访的传粉昆虫。

191

黄金树
Cigar Tree
Catalpa speciosa

上图：黄金树上开出艳丽的白花，上面带有橙色条纹和紫色斑点。

对页图：罗伞韭在夏末开花，之后随季节变化开出更多的花。

黄金树原产于美国中西部地区，现在是一种在全球广泛种植的观赏树种。艳丽的花瓣上有一些紫色斑点，花蕊呈嫩黄色。开花后，黄金树会长出菜豆一样的绿色大种荚。学名中的"*Catalpa*"是马斯科吉人的称法，马斯科吉人是印第安人的一支，现住在美国俄克拉荷马州一带；学名中的"*speciosa*"，意为艳丽，指的是这种花的颜色绚丽夺目。这种树上经常会有一种寄生虫，叫美国木豆树蛾毛虫，它是垂钓者苦苦寻觅之物，被公认为是世界上最好的钓鱼活饵之一。

罗伞韭
Coral Drops
Bessera elegans

这种优美的鳞茎植物长着雅致的花朵，故乡在墨西哥，是德国植物标本采集者威廉·卡尔温斯基伯爵（Count Wilhelm Karwinsky）于19世纪30年代初带到欧洲的。这种植物顶部长着精美的红色灯笼状花朵，让它成为一种广受欢迎的花园观赏植物。花朵悬挂在细长茎干的顶端，如果仔细观看花朵内部，会发现里面有白色图案或条纹，还有一个紫色的雄蕊。这种植物有时也被称为"红色雪花"。

7月1日

野香豌豆
Wild Sweet Pea
Lathyrus odoratus

各地花园里种植的香豌豆都是从其野生亲本株培育而来的，这种花的盛花期在 7 月。

这种植物的故乡位于希腊的克里特岛和意大利的西西里岛。1699 年，弗朗西斯库斯·库帕尼（Franciscus Cupani）修道士首次将其从西西里岛寄往欧洲。值得一提的是，在 19 世纪后期，它被培育成了花园香豌豆，从此成为一种深受人们喜爱的观赏性植物。如今，它在世界各地普遍种植。人们认为，香豌豆与宽慰和愉快的分别相关，能为人提供保护并带来好运。其学名来自希腊语，意思是"非常热情"和"芳香"。

大花草
Corpse Flower
Rafflesia arnoldii

大花草的鲜红颜色能帮助它模仿腐肉吸引苍蝇前来为其传粉。这种花最大可以长到1米宽。

大花草据称是世界上最大的花，既没有根系也没有叶片，不能进行光合作用，像寄生生物那样，将自己嵌入其他植物体内吸取养分来养活自己。它那肉感十足的花朵外形和气味都与腐肉相似，为的是吸引苍蝇前来传粉，花期通常只有一周。这种稀有的花卉原产于苏门答腊岛和婆罗洲岛，是印度尼西亚三种国花中的一种。

莲花
Lotus

Nelumbo nucifera

上图：印度尼西亚一所寺庙中的莲花正处于开花期。

对页上图：秘鲁百合花在插花中很受欢迎。

对页下图：英国三便士硬币上显示的海石竹图案。

在佛教和印度教的教义中，莲花都被认为是纯洁和教化的象征。哪怕是生长在最脏的水里，莲花的花朵、叶片也都能展现出不可思议的洁净。轻敲一下莲花叶片，就会将上面的水珠儿弹起来。莲花叶片的表面有一种超级拒水物质，具有自净功能，叶片上一旦落入液体就会变成水珠滚下来，被称为"莲花效应"。人们利用莲花效应开发出不粘性技术，现已开发出平底锅、自洁式窗户等不粘性产品。

秘鲁百合
Peruvian Lily
Alstroemeria aurea

这种缩小版的百合花原产于南非，目前在世界许多国家被广泛种植，常被用于插花艺术中。这种花在花瓶中可以存活两个星期，由于它没有气味，可供一些患有过敏症的人欣赏。最早传到欧洲的时间是在18世纪。人们相信，这种花承载着献身、友善、昌盛等强烈的正面情感。

海石竹
Sea Thrift
Armeria maritima

在英国、欧洲大陆和北美的所有沿海地区，都发现有这种植物。这是一种在诸如岩石花园这类干旱区域流行的花园植物。第二次世界大战时期，这种花的图案被印在英国的三便士硬币上面，提示人们要重视理智地花钱。在苏格兰以北的外赫布里底群岛和奥克尼群岛，人们将这种花与牛奶一起煮食，可当作传统药物治疗肺结核，食用后还具有醒酒作用。

斑纹兰
Common Spotted Orchid
Dactylorhiza fuchsia

7月，在路边坡地等白垩质土壤上，可以看到这种兰花。

这是一种在欧洲常见的兰花，在东亚地区和加拿大也有它的身影。斑纹兰一般生长在林地里、道路旁以及废弃的采石场和沼泽地中，看上去就像花毯一般。它的名字来自遍布在绿叶上的紫色斑点。花朵有香味，颜色从白到紫不等。花的三裂唇瓣上有明显的粉色斑点和条纹。

198

这是一幅19世纪版画中绘制的巨型睡莲。出于艺术表达的意图，作者将作品中的花朵放大了。实际上，巨型睡莲的叶子大得出奇，直径可达3米。

巨型睡莲
Giant Water Lily
Victoria amazonica

这是一种世界上最大的睡莲品种，原产于南美洲热带地区。1837 年，有人将采集的这种植物种子从圭亚那带到英国种植，这样一来，人们就以英国维多利亚女王的名字作为这种植物的学名。巨型睡莲的每朵花只绽放两个夜晚。第一晚，带有雌蕊的白色花瓣开花，早晨闭合；第二晚再次开放，这次开的是带有雄蕊的粉色花瓣。这种雌雄花朵交替开花的方式，避免了植物的自花授粉，不失为世界上一大自然奇观。

199

海甘蓝
Sea Kale
Crambe maritima

上图：海甘蓝是一种夏季开花的植物，其名字表示它既长在海边，又可以像甘蓝菜一样食用。

对页图：蜂兰的花期只有两个月，开出的花朵与雌性蜜蜂类似，能够吸引雄性蜜蜂前来传粉。

这种植物长有蜂蜜味的花朵和浅蓝色的叶片，是 18 世纪一种流行的菜园蔬菜。它自然生长在海岸线布满岩石的海滩之上。与其他甘蓝家族（芸薹属植物）品种一样，每朵花有 4 片花萼。这一家族的植物以前都叫十字花科，意思是它们的 4 片花萼代表了十字架的 4 个部分。这种植物连花朵在内的所有部位均可食用。

蜂兰
Bee Orchid
Ophrys apifera

蜂兰为植物界精巧的拟态现象提
供了一个范例。该植物的花不
仅散发着雌性蜜蜂的香味，并且花
朵上的棕色绒毛唇瓣和黄色斑点像
只雌性蜜蜂，花萼像那只蜜蜂的翅
膀。雄性蜜蜂被这种花朵欺骗，会
飞来设法与其交配。雄蜂一落到花
上，花粉就会粘附其上。这些蜜蜂
在不同花朵上飞来飞去，从而起到
了传粉作用。

201

L'ILLUSTRATION HORTICOLE.

Chrom. J. De Pannemaeker. GIROFLÉES QUARANTAINES NOUVELLES. J. Linden publ.

紫罗兰
Common stock
Matthiola incana

J. 德帕内米克（J. de Pannemaeker）在一幅彩色石印画中描绘的紫罗兰，摘自琼·林登（Jean Linden）的《林登植物插图》（1885 年）。

紫罗兰原产于南欧和西欧的沿海地区，在地中海西部各地也有栽培。人们喜欢将其作为插花或种在花园观赏，英、美两国尤其如此。这种花的香味会使人联想到丁香，人们认为，它代表着幸福与满足。由于这个原因，紫罗兰在婚礼庆典中很受欢迎。如果这种花不捆得太紧，且使花尖朝下悬挂，花束便可长时间保存。

加利福尼亚罂粟
California Poppy
Eschscholzia californica

加利福尼亚罂粟是一种存活期不长的多年生植物，盛花期在夏季的几个月。在较为寒冷的气候条件下，它会变为一年生。

这种花的颜色呈金黄色，被认为代表着 19 世纪中叶淘金热中人们苦苦寻觅的"黄金之地"。它于 1903 年被正式选为美国加利福尼亚州的州花，当你驾车进入该州时，会在高速公路旁的一些迎宾标牌上看到它。加利福尼亚罂粟原产于美国和墨西哥，在阳光灿烂的户外观赏它最为适合，因为它的花瓣在夜晚和阴天都会闭合。花朵一旦被采摘，花瓣会很快脱落。

7月12日

窄叶羽扇豆
Narrow-leaved Lupin
Lupinus angustifolius

如今人们主要将窄叶羽扇豆当作观赏植物在花园进行栽培，而早在 6000 年前，安第斯山脉的先民就有食用某些品种羽扇豆的经历。他们将豆子浸泡，然后烘焙、煎烤或者炖煮，制成香甜可口的食物。羽扇豆的学名来自拉丁文"*lupus*"，意为贪婪，因为早期的罗马人看到这种植物在田野里长得特别茂盛，认为它偷窃了地里的养分。事实上，羽扇豆与其他豆科植物一样，养分来自根系中的细菌从空气吸收的氮，植物死亡后，它吸取的氮可供其他作物使用。

在花园中，羽扇豆是一种漂亮的花卉，但它作为外来物种，进入新西兰、美国等国家后，挤占了那里其他本土植物的生长空间。

烛光飞燕草
Candle Larkspur
Delphinium elatum

该植物原产于欧洲、亚洲北部和中部地区。学名来自古希腊语"delphis"（海豚），因为其花序形状像一只海豚。据说，北美原住民和欧洲移民很早就用某些品种的飞燕草作蓝色染料使用，还用它帮助改善睡眠和放松神经。这种植物对人和动物而言均有毒，常被用来驱赶蝎子、虱子和其他寄生生物。

左图：每年的 7 月和 8 月是烛光飞燕草的盛花期。图中显示的是烛光飞燕草的一个栽培品种，名叫"海浪飞沫"（Spindrift）。

右图：2011 年，凯特·米德尔顿手握甜威廉的花束现身自己的婚礼。

美国石竹
Sweet William
Dianthus barbatus

美国石竹的故乡其实是南欧，它是一种深受人们喜爱的花园植物。其英文俗名为"甜威廉"（Sweet William），来源有多种说法，有的说来自威廉·莎士比亚，有的说来自 12 世纪的约克郡威廉神父，还有的说来自征服者威廉。在英国威廉王子和凯特·米德尔顿的婚礼上，这种花就出现在新娘的花束中。对维多利亚时代的人来说，这种植物象征着勇气。它与康乃馨是近亲，花可食用。

苋菜红
Red Amaranth
Amaranthus cruentus

苋菜红会在每年的7月长出艳丽的柔荑花序。图中展示的是名为"天鹅绒窗帘"（Velvet Curtains）的人工栽培品种。

苋菜红在夏天会长出长长的紫红色柔荑花序，是一种在北半球很受欢迎的花园植物。然而，最早栽培它的是中美洲的阿兹特克人，他们用加工玉米的方法将其制成食品。时至今日，它仍然是墨西哥一种象征本土文化的流行小吃。阿兹特克人的宗教仪式中有一项内容，就是用苋菜红籽和蜂蜜制作他们尊崇的神像。

吊钟海棠

Fuchsia

Fuchsia triphylla

吊钟海棠长有长长的管状花朵，每年7月是它的盛花期。图中展示的是一个栽培品种，名叫"塔利亚"（Thalia）。

被西方植物界记载的众多晚樱科植物中，第一个就是吊钟海棠。1896～1897年，法国传教士兼植物学家查尔斯·普拉米尔（Charles Plumier）在加勒比海的伊斯帕尼奥拉岛上发现了这种植物。现在，它是一种受世界各地人们欢迎的花园植物。人们可以在夏季几个月中欣赏到它们持续开出的鲜花，其中的一些品种在英国这样温带地区的冬季也能存活。这种花还有一个英文俗名"女士的耳坠"（lady's eardrop），因其花朵与华丽的耳坠相似。这种植物开花后结出的果实可以用来制作果酱或果冻。

欧乌头

Aconite

Aconitum napellus

欧乌头的手绘彩图，玛丽·安·伯内特（Mary Ann Burnett）绘制，摘自 1840 年出版的《有用植物的图谱》（*Illustratio ns of Useful Plants*）。

这种乌头的英文俗名又称"僧帽乌头"（monk's hood）或"狼毒乌头"（wolfsbane）。人们最早发现它的地方主要是在欧洲西部和中部。这种植物含有剧毒。"僧帽乌头"源自这种花的外形，而"狼毒乌头"则源自其毒性，使用涂上这种植物汁液的弓箭头可以将狼射杀。人如果摄入过量的乌头，其根茎中含有的乌头碱会导致腹痛和眩晕，接着会出现呼吸困难、心力衰竭，常致人死亡。

杯碟藤
Cup and Saucer Vine
Cobaea scandens

杯碟藤从7月开始，会开出硕大的钟形花朵。

这是一种原产于墨西哥的藤本植物，依据其形状，人们又称其为"墨西哥常春藤"（Mexican ivy）或"大教堂之钟"（cathedral bells）。它是温带地区花园广泛种植的一种不耐寒植物，夏季后期会开出具有异域情调的紫色花朵。在野外靠蝙蝠传粉。这种植物是由17世纪传教士、作家贝尔纳博·科博（Bernabé Cobo）命名的，他撰写过一本关于印加人历史的书。该植物也引起了查尔斯·达尔文（Charles Darwin）的注意，他曾用这种植物研究各种攀缘植物的生长奥秘。

211

胡萝卜
Wild Carrot
Daucus carota

西蒙·德帕斯（Simon de Passe）于1616年制作的一幅版画，马背上是安妮王后（丹麦的安妮）的人物肖像，远处是温莎皇宫。

这种植物具有丝带状叶片，伞状花序扁平且密实，又被称作"安妮王后的饰带"（Queen Anne's lace）。传说中，英国国王詹姆斯一世的妻子安妮王后有一次与朋友比赛用花制作饰带。在制作过程中，安妮王后的手指被刺破，在花的中央留下了一个红色印迹，她灵机一动，就给这种植物取了个"Wild Carrot"的英文俗名（被引种到中国以后，人们称其为胡萝卜——译者注）。这种植物的外观类似毒芹属（hemlock）植物，但茎干上没有紫色斑点。

紫铃藤
Purple Bell Vine
Rhodochiton atrosanguineus

紫铃藤的花期从7月开始到10月结束，在夏季末盛开。

这种植物原产于墨西哥，人们可以在温带雨林边缘和松树、橡树混交林的林间空地等处看到它们的身影。1834年，《柯蒂斯植物杂志》（*Curtis's Botanical Magazine*）就介绍了这种植物并配有插图。1828年，其种子被人从墨西哥寄往了慕尼黑，此后逐步传播到世界各国，并在植物园中开始流行。现在，这种植物作为一种观赏性攀缘植物被广泛种植：在气候温暖的地区，它可多年生；在寒冷地区，只在夏季生长，需每年播种。

柳兰
Rosebay Willowherb
Chamaenerion angustifolium

上图：柳兰的盛花期通常在7月和8月。

对页上图：虽然喜马拉雅凤仙花是一种外来入侵性物种，但其富含花蜜的花朵确实让众多传粉昆虫受益良多。

对页下图：紫薇那些带有皱褶的花朵会在7月开放，给炎热的夏日增添了一抹绚丽色彩。

这种植物最初生长在欧洲、亚洲和北美的温带地区。过去，只有在石楠树丛、林间空地和山区才能见到它们，现在人们仍会将其视为一种野草，但是如今在世界各地的许多花园中都在栽培这种植物。柳兰与月见草和倒挂金钟是近亲，每株植物能长出令人咂舌的8万粒种子，具有极强的种群扩散能力。在遭人类活动破坏过的地方或空旷之地，它们也能够茂盛生长。在经历工业革命和两次世界大战之后的英国，柳兰的生长特别旺盛。鉴于它们能在被枪林弹雨毁灭的地方生存，人们也称其为"炸弹草"（bombweed）。由于与战争联系在一起，这种花在花园中就不再受到人们的青睐了。

喜马拉雅凤仙花
Himalayan Balsam
Impatiens glandulifera

这种凤仙花是凤仙花属中的一种，具有侵略性，在北半球大部分地区都能找到它。它原产于喜马拉雅山脉，后被引种到世界各地。由于来自高纬度地区，能忍受寒冷气候，很容易在英国生长。这种植物会在河岸和其他潮湿之地恣意生长，一长就是好几千米，严重挤压了本地植物的生存空间。但是，它的花含有丰富的花蜜，花期可延伸至年底，为蜜蜂提供食物的时间比其他许多植物都长。

紫薇
Crape Myrtle
Lagerstroemia indica

紫薇的故乡是中国、日本、印度次大陆和东南亚，能在一年中少数几个月份中长出绉纱质地的白色、桃红色或紫色花朵。这紫薇喜爱炎热气候，在美国南部各州是一种流行的观赏植物，它能在一定程度上忍受住那里的干旱气候。在传统医学中，这种植物的茎皮和叶片一直用作泻药，种子可用于治疗失眠。

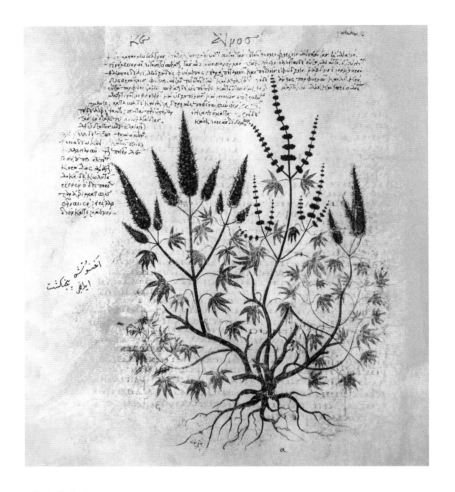

贞洁树
Chaste Tree
Vitex agnus-castus

这是 512 年拜占庭人手稿中的一幅贞洁树插图，名叫《维也纳的迪奥斯科里斯》（*Vienna Dioscurides*），上面说明了这种植物的各个组成部分。

这种植物原产于地中海、北非和西亚，能长出艳丽、芳香的紫堇色花朵。它是一种很受欢迎的药用植物，人们对它治疗月经前综合征的可能性进行了研究，发现它在减轻疼痛和利于产妇分娩方面可能有帮助。现在人们已经了解到，该植物中含有的多巴胺成分，对大脑有兴奋作用。尽管柏拉图很早之前就描述过该植物的壮阳作用，但还是有人依据它的名称，认为这种植物有压制性欲的功能。两种说法谁对谁错，至今尚无科学结论。

216

珍珠菜
Gooseneck Loosestrife
Lysimachia clethroides

珍珠菜的穗状花序
被认为像一群伸颈
昂头的鹅。

珍珠菜的穗状花序修长，呈拱形，就像鹅的长颈一般。这种植物群花绽放时，景色令人印象深刻。珍珠菜原产于中国、日本和印度尼西亚。人们认为这种花能让人感到平静与安宁，于是便以此诠释其英文名"Loosestrife"。根据马其顿的古代传说，色雷斯（Thrace）的利西马科斯（Lysimachus）国王曾用这种植物使一头野牛安静了下来。

杠铃草
Golden-beard Penstemon
Penstemon barbatus

杠铃草为蜂雀提供食物，而蜂雀则为这种植物进行传粉。

杠铃草原产于美国南部和墨西哥，对蜂雀有很强的吸引力。它的花在夏季后期开放，正好与赤褐色的蜂雀出现时间一致，蜂雀每年先从墨西哥飞至美国的阿拉斯加州，然后再飞回到美国南部和墨西哥一带。以迁飞距离除以身体长度计算，蜂雀在世界上所有鸟类中迁飞的距离是最长的。

美国山茶花
Mountain Camellia
Stewartia ovata

美国山茶花大约在7月会在树枝上绽放，比其他木本植物开花时间稍晚。

这种植物属于茶科，与用来制作饮料的山茶属植物有亲缘关系。它原产于美国东南部，生长在从弗吉尼亚州到亚拉巴马州的密林溪水岸边和悬崖脚下。它那富有魅力的花朵与山茶属植物非常相似，有5片白色花瓣和橘黄色的花粉囊。开花过后会长出硬硬的籽荚，籽荚成熟时会裂开散籽。到了秋天，它的叶子会变为橙色和红色，为大地增添绚丽的秋色。

向日葵
Sunflower
Helianthus annuus

这是安东尼·范戴克（Anthony van Dyck）创作的油画《自画像》。

在这幅著名的自画像中，艺术家将自己与葵花画在一起，被认为是在向英国国王查尔斯一世表忠心。其所含的象征意义是：在一天之中，向日葵茎干顶上的葵花会随着太阳的方向转动，艺术家要像它那样，一心一意追随国王。实际上，向日葵只有在幼株时期才会每天随太阳转动，以最大限度地接收阳光进行光合作用。一旦成熟，它就会一直朝着东方，为前来传粉的蜜蜂提供一个温暖而有吸引力的场所。

图中显示的是身穿
叶蓟骑士团骑士长
袍的苏塞克斯公爵
奥古斯特·腓特烈
（Augustus Frederick）
王子。在他前胸佩
戴的绶带上，可
以看到叶蓟装饰
图案。

叶蓟
Spear Thistle
Cirsium vulgare

这种苏格兰的代表性花卉可能并不源自苏格兰，而是人们在 16 世纪以前某个时期从欧洲大陆引进的。然而，目前这种花在苏格兰非常多，而且与这方土地有着诸多紧密联系。苏格兰的玛丽女王（1542 ~ 1587 年）曾下令将这种植物的形象刻在苏格兰国玺上面，以象征国运长久。1540 年，詹姆斯五世国王（James V）创立了苏格兰骑士团，名字就叫"叶蓟骑士团"。该骑士团的徽章上有叶蓟图案，还有"人若犯我，我必犯人"的训言。

亚洲玉蕊草
Sea Poison Tree
Barringtonia asiatica

亚洲玉蕊草的花朵上有许多纤长而颜色艳丽的花蕊，每朵花大约有 15 厘米宽。

这种植物原产于印度洋、西太平洋诸岛的红树林及周边区域，开出的花有 4 片白色花瓣和许多纤长、顶端呈粉红色的雄蕊。人们将其开花之后结出的果实叫"盒子果"（box fruit），因为它们是方形的。这种植物的所有部位都具有毒性。土著人将去掉果肉的果实用来捕获海中的鱼类和章鱼。

长生草
Common Houseleek
Sempervivum tectorum

长生草的花簇长在茎干的顶端。

这种多汁的植物原产于南欧高山之上，现已被广泛栽培。罗马等地的古人认为，将这种植物种在建筑物上，可以保护建筑物免遭雷击。据记载，从 8 世纪到 9 世纪早期，统治许多西欧国家的神圣罗马帝国的查理曼大帝，曾颁布过一部法令，要求每栋住宅顶上都要种植长生草，以此作为一项安全措施。尽管这种植物的叶片组成了玫瑰样花结，看起来像朵花，但实际上它还会开花。长生草是结一次果的植物，这意味着它一旦开花就走到了生命终点。但是，由于它有许多蘖枝，看上去像是一直活着。

223

旋果蚊子草
Meadowsweet
Filipendula ulmaria

上图：夏季田野和草地到处都盛开着旋果蚊子草那乳白色的鲜花。图中是它们与柳兰生长在一起。

对页图：华盛顿特区的美国国家植物园里开花第二天的魔芋。

这种植物生长在潮湿的草地和河岸两旁，泡沫状花簇长在高耸的茎干顶端，气味香甜。其英文名"Meadowsweet"源自盎格鲁－撒克逊人的"*meodu-swete*"，过去用它来给蜂蜜酒调味。在英国约克夏郡，人们称这种花为"求婚与婚姻"（courtship and matrimony），因为一旦这种芳香的花朵被压碎，就会释放出含有防腐剂气味的水杨酸，暗示着愉快的东西大幅减少。

魔芋
Titan Arum
Amorphophallus titanum

人们只在印度尼西亚的苏门答腊岛西部发现过野生的魔芋。这种植物拥有世界上最大的不分枝花序。其开花部分可高达 3 米以上，还带有许多小花。魔芋的英文名意指硕大且变形的男性生殖器官，反映了其独特的造型。这种植物从地下的球茎开始生长，聚集足够能量后开花，前后需要 7 年时间。在傍晚开花，通常彻夜开放，持续开花的时间只有48 小时。这种植物开花时，植株的体温会升高，某些部位可接近人的体温，并释放出一种腐肉气味，以此吸引苍蝇前来传粉。

素方花
Common Jasmine
Jasminum officinale

印度人用素方花的花蕾和盛开的花朵装饰婚礼。

素方花是香气最浓烈的素馨属植物之一，它的花散发着甜蜂蜜一样的浓香。这种植物从波斯及周边地区传到欧洲的时间可能在 15 世纪左右。最初，人们将它的鲜花与脂肪混合制作油膏。人们认为，素方花的香味具有壮阳功能，印度部分地区就一直在用这种花装饰结婚典礼。现代科学已证明，将素方花用于芳香疗法，可起到提振精神、激发情绪的效果。

威尔士罂粟
Welsh Poppy
Papaver cambrica

花园和草地中的威尔士罂粟，其盛花期在 8 月。

人们最早发现这种植物是在威尔士高地和西欧地区。它现在已被当作一种花园观赏植物在世界各地栽培。威尔士罂粟能在潮湿、荫蔽的石质土壤中旺盛生长，还能长在岩石裂缝中，甚至在城市生活环境中也有它的身影。这种植物可能属于北极高山植物群的一部分，冰川退却后散布到世界各地。这种植物的花没有香味，但幸运的是，它能在花园里自然播种，并起到填充植被间隙、美化园中小径和修饰自然的作用。

上图：海绿出名，得益于男爵夫人奥切（Baroness Orczy）1905 年写的一本同名小说。

对页上图：7 ~ 10 月间的菊苣花朵。

对页下图：麝香锦葵的花每年只有两个月可以看到。

海绿
Scarlet Pimpernel
Anagallis arvensis

这种花只会在太阳照耀下开放，由此引出它的另一个英文俗名"牧羊人的晴雨表"（shepherd's weather glass）。其学名中的"*Anagallis*"来自希腊语，意思是"再次开心"，因为这种花朵每天都会开。在古希腊，人们将这种花用作抗抑郁药物。在欧洲传统医学中，它被用来治疗各种精神方面的疾病。该植物原产于欧洲，现在已移植到包括北美在内的世界各地。

菊苣
Chicory
Cichorium intybus

根据英国民间传说，菊苣能与神灵世界交流沟通。按照德国民间传说，一位蓝眼睛的姑娘在等待恋人回来，她日复一日、年复一年地等待，就是不见恋人回来，父母劝她另找他人，她却回答宁愿变成一朵普通野花，也不放弃等待。人们相信，那位苦等恋人的姑娘现在仍住在菊苣之中。菊苣花会在中午时闭合，要欣赏它只能在上午。

麝香锦葵
Musk Mallow
Malva moschata

这种植物散发着一种麝香气味，所以被称为麝香锦葵。在欧洲和西亚大部分地区的田野和路边生长，也是一种广受欢迎的花园植物。在古希腊，人们用它来装点朋友的陵墓，还一度将它当作壮阳药。在培植野花草地时，也常被人们作为间杂的野花选用。这种花广受传粉昆虫的喜爱，其种子像小蜗牛壳一样，上面覆盖着细小的金色绒毛。

8月8日

海滩甘蓝
Beach Cabbage
Scaevola taccada

人们最早是在印度洋和太平洋热带沿海地区发现的这种植物。它沿海岸生长，可以防止土壤被海水冲蚀，同时还能保护其他不太耐盐的植物免受海水盐分的影响。人们认为这种植物可以当作药物，如马里亚纳群岛的查莫罗（Chamorro）人，就用它来减缓那些在海中捕鱼者的眼部炎症。

黑种草

Nigella

Nigella damascena

上图：黑种草只短暂地开花，每朵花凋谢后会长出同样吸引眼球的种荚。

左图：夏威夷黑色火山岩上生长的海滩甘蓝。

黑种草的蓝色花朵周围有一圈绿色绒毛，外观看上去有些朦胧感，因此又称"雾中之爱"（love-in-a-mist）。这种植物原产于南欧和北非，伊丽莎白一世时就是英国别墅花园中的一种流行花卉。其种子有一种辛辣的香味，常用于烹饪。同时，金翅雀也特别喜欢啄食它的种子。由于它具有遏制细菌和真菌生长的特性，很早就被用于传统医学中。

海薰衣草
Sea Lavender
Limonium vulgare

海薰衣草对传粉昆虫很有吸引力，它为蜜蜂和包括这种蛱蝶在内的各种蝴蝶提供了充足的花蜜来源。

这种植物原产于西欧和亚速尔群岛，常见于盐碱滩和海岸浅滩，目前已在世界各国被广泛引种。尽管它与薰衣草没有亲缘关系，但它也拥有紫色花朵，同样深受蝴蝶和其他传粉昆虫的喜爱。由于其穗状花序干燥之后形态依然迷人，常被用于插花艺术中。此花被认为是美丽、同情与回忆的象征。

黄土菊
Feverfew
Tanacetum parthenium

这种植物的花朵类似雏菊，整个夏季都会开放。

黄土菊的英文俗名来自拉丁语 *"febrifugia"* ，意为"退烧剂"。人们在这种植物的花和叶片中发现了一种名叫甘菊内酯（parthenolide）的化学物质，它对人的健康很有益处，可以缓解人体炎症。很早以前，古希腊和早期欧洲的草药医生就使用它来治疗疾病。治病时，通常将两三片新鲜叶片或干燥后的叶片咀嚼咽下即可。人们认为该植物原产于巴尔干半岛，19世纪中叶被引入美国。

233

右图：威廉·克拉克
（William Clark）手绘
的月见草彩图，摘
自理查德·莫里斯
（Richard Morris）1826
年编撰的《显花植
物》（*Flora Conspicua*）

对页上图：羊菊，一
种多年生植物，它会
在每年7～8月开出
鲜艳的花朵。

对页下图：鹈嘴花
的英文俗名源自这
种植物狭长的籽实
头部形状。

月见草
Common Evening Primrose
Oenothera biennis

月见草原产于北美大陆东部与中部，可用来提炼月见草油。它与报春花属的各种植物（*Primula* spp.）并没有亲缘关系，只是花的黄色螺旋状花蕊与报春花有些类似。许多月见草属的植物通常在晚间开花，为的是吸引飞蛾和夜晚觅食的蜜蜂。月见草的许多部位都能食用，叶片有时要在开花前食用，因为此时比较鲜嫩。

羊菊
Arnica
Arnica montana

在过去几百年中，人们一直将这种欧洲花卉当作药用植物使用，但现在人们已将其归类为一种不安全的草药，因为它的毒性很强，口服时会导致胃痛，外涂时会引发皮肤炎症。然而，它作为一种跌打损伤的治疗药物具有悠久的历史，许多含有羊菊提取物的药物很安全，可以放心使用。目前由于需求大于供给，羊菊面临越来越大的威胁，许多地方已将其列在保护物种名录中。

8月14日

鹳嘴花
Common Stork's Bill
Erodium cicutarium

这种植物具备一种神奇而又独特的种子传播机制。第一步，它运用储存的能量，将其带有耳轮状尾巴的种子发射出去；第二步，种子的尾巴会随湿度的改变而做卷曲—伸展运动，让自己钻进土中。

蕾丝紫草
Lacy Phacelia
Phacelia tanacetifolia

这种生长在英国牛津郡的植物，绽放出一片紫色地毯般的花簇。

这种植物学名中的"*Phacelia*"一词源自希腊语，意思为"捆扎在一起的东西"，指这种植物的花簇形状，又被称为"小提琴琴颈"。它原产于美国西南部和墨西哥西北部，大部分生长在荒野地带。在农业生产中，因其具备固氮功能，所以人们将它作为绿肥，它还可以此遏制野草的生长。这种植物吸引蜜蜂和食蚜虻的效果特别好。对蜜蜂而言，它是产蜜量最高的植物之一。

欧芹
Parsley
Petroselinum crispum

欧芹是逾越节家宴中 6 种象征性食物之一。

欧芹原产于希腊及周边地区以及巴尔干半岛。这种植物的叶子常被用于烹饪中，花也可食用，既可用来装饰菜品，也可拌入沙拉中。在犹太人的信仰中，欧芹是新生的标志，象征着以色列人在埃及的最初繁荣。

假马铃薯藤
Potato Vine
Solanum laxum

随着这种植物不断成熟，花朵的颜色会由紫色逐步变淡，最后成为白色。

这种植物的花朵虽然漂亮但是有毒，与食用马铃薯以及可致人死亡的茄科植物都有亲缘关系，这意味着人们接触它时要戴手套。它的花看上去与马铃薯的花非常相似，但它是一种攀缘植物，且花的颜色会随时间变化由淡紫色渐渐变为白色。这种花原产于南非，也适应了澳大利亚部分地区的野外生长环境，现在作为一种观赏植物在世界各地的花园中被广泛种植。

海索草
Hyssop
Hyssopus officinalis

在夏季，海索草长出的直立穗状花序由许多小花组成。

这是一种唇形科植物，原产于南欧和东欧。在古代，人们用它清扫神殿等神圣地方。1597 年，外科医生兼药剂师约翰·杰拉德（John Gerard）将其带到英国，他撰写的《植物志》（*The Herball or Generall Historie of Plantes*）是世界上最有名的植物学著作之一。海索草被引入英国后，很快就在许多设计精巧的花园中现身。2002 年的一项研究显示，海索草干燥叶片的提取物能抑制艾滋病病毒的蔓延，海索草精油在松弛肌肉方面也有显著效果。

青冈寄生
Beech Drops
Epifagus virginiana

青冈寄生生长在水青冈树位于地面之上的树根部位。

青冈寄生生长在美洲水青冈树的树根上，属寄生植物，也就是说它不像大多数植物那样自己生产所需的营养，而是从宿主身上吸收养料。青冈寄生原产于北美洲，不会对其他植物造成重大伤害。花有两种类型：一种是自花授粉，另一种是异花授粉。开花后结出的种子很小，通过雨水传播到其他地方。青冈寄生的种子只有接收到附近水青冈树树根发出的化学信号时，它们才会发芽。

亚麻籽

Linseed

Linum usitatissimum

上图：20世纪50年代，一名北爱尔兰农场的工人正在手工收割亚麻。

对页图：水晶兰每支透明的茎干上只开一朵花。

亚麻籽也被称为亚麻仁，由于其营养价值高，今天被人称为超级食物。但是作为一种食物和油料，人们种植它们的历史已有数千年。亚麻籽中的 $\Omega-3$ 脂肪酸含量很高，有益于心脏健康，而且在更年期可保持人体激素的平衡。亚麻布是由亚麻这种植物的纤维制成的，亚麻布衣服比棉质衣服更坚固，也更易干。亚麻花被作为北爱尔兰的一种象征。由于亚麻布是亚麻工业化历史的组成部分，由此提醒我们，不要忘记亚麻的重要作用。

水晶兰
Ghost Plant
Monotropa uniflora

水晶兰原产于北美洲温带地区、南美洲北部以及亚洲等地。英文俗名"Ghost Plant"（意为幽灵植物），与这种植物幽灵般的纯白色外表很契合。此外，水晶兰通常带有一些黑色和粉红色斑点。纯白色外表形成的主要原因是：它们不像大多数植物那样含有叶绿素。水晶兰可从附着在周围树木上的某种真菌中获取所需的营养，生长地通常很幽暗，如密林中，因为它们的生长不需要依赖阳光。

墨西哥睡莲
Banana Water Lily
Nymphaea mexicana

这种植物原产于墨西哥和美国南部。也是法国印象派画家克劳德·莫奈（Claude Monet）为自己的睡莲池所购买的首批睡莲品种之一。通常，白色和黄色睡莲更强壮和耐寒，更适合在他的花园中种植，但从莫奈所写的订单中可以看到，他对红色睡莲情有独钟。莫奈为其在法国北部吉维尼的自家花园创作了大约250幅油画，这些画作"不仅让人赏心悦目，而且所表达的主题也十分鲜明"。

克劳德·莫奈创作的睡莲系列油画的局部细节，藏于橘园博物馆（Musee de l'Orangerie），这是1918年莫奈赠送给法国总理乔治·克莱孟梭（Georges Clemenceau）的礼物。

8月23日

艾蒿
Mugwort
Artemisia vulgaris

艾蒿属于菊科，常被当成一种野草。这是一种非显花植物，其花被人类利用的历史可追溯到数千年之前。艾蒿的叶子和花都可食用，与龙蒿有亲缘关系，带有一些迷迭香和鼠尾草的香味。艾蒿原产于欧洲、亚洲和非洲北部。据说古罗马士兵在行军时会将艾蒿放入鞋内，这样有助于减轻脚痛。人们还会将艾蒿制成茶来饮用或放在枕头旁边，试图以此增强梦境的清晰程度。

8月24日

药葵
Marsh Mallow
Althaea officinalis

药葵原产于亚洲和欧洲。正如其英文名字"Marsh Mallow"（意为沼泽地带的锦葵）所透出的含义，这种植物常生长在潮湿的土壤中。在19世纪人们使用玉米粉加上明胶制作糕饼之前，古埃及人一直用药葵的根来制作糕饼。药葵的学名中"*Althaea*"一词源自希腊语，意为"治愈"。在分娩时，利用药葵的叶子和根有助于减轻疼痛。此外，药葵还可以制成眼膏来治疗眼疾。

欧侧金盏花
Pheasant's Eye
Adonis annua

上图：欧侧金盏花
在夏季会开出鲜红
的花朵。

对页上图：艾蒿的
花可浸泡在热水
中，被制成药茶来
饮用。

对页下图：药葵通
常在8月开花，花
朵呈碟形。

欧侧金盏花原产于欧洲、北非和西亚，常见于英国的田野里，曾一度被认为是野草。但是由于频繁的农业耕作，现在这种植物正处于濒临灭绝的边缘。为了拯救这种植物，人们特意在路边和一些荒地种植了欧侧金盏花，因此，我们现在还能见到它们的身影。这种植物的种子在土壤中可长时间休眠，直到可以成功发芽的时机，比如林地被清理或土壤被翻动时。

牛蒡
Greater Burdock
Arctium lappa

8月，牛蒡会从多刺的苞球上开出紫色的花。

牛蒡源自欧洲和亚洲，在北美和澳大利亚等地区已变成当地的一种野草。其学名中的种名 "*lappa*" 一词来自拉丁语，意为"抓住"，因为这种植物的种子头部带有勾刺，能勾住行人和动物的皮毛，以助其传播。在西方人和中国人的传统中，牛蒡都被认为是一种具有很强解毒功效的植物。此外，其嫩茎和根还可作为蔬菜来食用，在日本这种植物称为 "gobo"，颇受欢迎。自中世纪以来，人们一直将牛蒡和蒲公英混在一起制成饮料来用。

滨菊
Marguerite
Argyranthemum frutescens

滨菊开花时看起来很像更大的雏菊，它的花期一直延续至整个夏季。

这种植物原产于加那利群岛，今天人们在花园里见到的雏菊多数是从滨菊培育而来的品种。滨菊很适合在花坛中种植，也是一种半耐寒灌木。据说，18世纪初英国切尔西药用植物园就栽培有这种植物，而牛津植物园种植该植物的时间也许更早。滨菊的学名来自古波斯语"珍珠"，人们认为它象征着纯洁无邪。

满天星
Baby's Breath
Gypsophila paniculata

满天星开出一串串的小白花，通常被人们用来祝贺生日和婚礼。

该植物是康乃馨家族的一员，原产于中欧和东欧地区。正如它的英文俗名描述的那样，其分枝茎秆上开出的众多细小白花，很像寒冷空气中婴儿呼吸吐出的白气。由于它能衬托其他鲜花且花期较长，因而在插花艺术中经常被使用。人们认为满天星是忠贞爱情的象征，是对昔日恋情的美好回忆。这种花可作为送给新生婴儿父母的礼物或在婚礼上使用。

唐松草
Chinese Meadow-rue
Thalictrum delavayi

当唐松草花瓣飘落之后，会留下许多看起来像绒毛球似的雄性花蕊。

这种植物原产于中国和缅甸，是一种观赏植物，在寒冷气候中可茂盛生长。它的叶片酷似蕨类植物，深受园艺师青睐，因植株高大且通风，常被种植在花园的边缘。其花瓣飘落后会留下许多雄性花蕊，看起来很像一个绒毛球。开花之后，其结出的种荚也十分漂亮。它还有一个优势，不像其近亲金凤花那样容易吸引蛞蝓。

251

法国薰衣草
French Lavender
Lavandula stoechas

法国薰衣草顶部花轴的紫色苞叶，常常被亲切地称为"兔子耳朵"，这是区别于英国薰衣草的显著特征。

法国薰衣草与英国薰衣草（*Lavandula augustifolia*）的区别在于其花序顶部长有紫色叶片，昵称"兔耳"，学名称苞叶。英国薰衣草能抵御更为寒冷的气候，而法国薰衣草则拥有一股更为浓烈的香味。这两种植物的英文俗名都涉及国别，指的是它们在哪个国家更为流行，而不是指它们的原产地。英国薰衣草的原产地是法国，很早就被英国皇室掺入香水中使用；法国薰衣草原产地是西班牙，常被用来制造法国香水。

马克·盖茨比（Mark Catesby）所著《卡罗来纳、佛罗里达和巴哈马群岛自然史》（*Natural History of Carolina、Florida and the Bahama Islands*，1754年）中的洋玉兰插图。盖茨比将这幅插图中的花命名为大果木兰（Magnolia altissima）。

洋玉兰
Southern Magnolia
Magnolia grandiflora

这种植物开出的大白花将我们带回了恐龙时代。早在蕨类植物和针叶植物布满地球的时代，木兰属植物便通过原始无翼甲虫传粉，成功进化出了最原始的花，那些花与现在的洋玉兰花极其相似。由于木兰属植物存在于蜜蜂出现之前，它们过去不生产花蜜，现在仍然是这样。尽管这些花看起来弱不禁风，但这种植物已存活了9500万年以上，到现在基本没什么变化。

金鱼草
Snapdragon
Antirrhinum majus

金鱼草的花期很长，9月还在开花。

金鱼草的花背受到挤压时会出现开启与闭合的变化，其英文俗名"Snapdragon"由此而来。这种植物原产于欧洲西南部，是一种流行的花园植物。古希腊人和古罗马人认为在颈部绕上金鱼草可以辟邪。德国古代也有同样的民间传说，认为这种花可免受恶魔灵魂的侵蚀，人们将这种花挂在婴儿睡卧地方附近，以祈福避邪。

中欧媚草

Crimson Scabious

Knautia macedonica

此花富含花蜜，能吸引诸如白眼蝶等众多昆虫来传粉。图片展示的是栽培种，名叫"麦尔登彩色粉笔"。

<big>这</big>是一种忍冬属植物。其花朵像个放针用的针插，与更常见的田野媚草（*Knautia arvensis*）相似，深受蜜蜂和蝴蝶喜爱。该植物原产于欧洲东南部，在设计建造野花草地时常会用到它。这种植物的花朵富含花粉和花蜜，它的种子是鸟类的喜爱之物。深紫红色花朵的形状便于那些前来采蜜的昆虫落脚。

颠茄
Deadly Nightshade
Atropa belladonna

利维亚站在奥古斯都临终前的床边。该插图来自英国著名小说家夏洛特·M. 杨格（Charlotte M Yonge）1880 年所著《图说世界大国史》（*A Pictorial History of the world's Nations*）。

"如果认为我做得好，请在我离世时给些掌声。"

据说这是公元 14 年古罗马皇帝奥古斯都去世前的遗言。

植物学名中的"*belladonna*"意为"美女"，这与意大利文艺复兴时期妇女的一种危险习惯有关。那时候的妇女会用颠茄汁作眼药水来扩张瞳孔，让眼睛看起来更大、更迷人。颠茄含有一种称为"阿托品"的化学物质，可以让肌肉松弛，可扩张瞳孔。人们认为，古罗马的利维亚·德鲁茜拉皇后在其丈夫奥古斯都皇帝病魔缠身时，用这种颠茄汁谋害了他，或者用它帮助丈夫自杀。

草原老鹳草
Meadow Cranesbill
Geranium pratense

直到秋季，草原老鹳草都是草地中最艳丽的野花之一。

这是一种很受欢迎的花园植物，原产于中亚地区的阿尔泰山脉，耐寒。这种野花在结籽的时候，花茎变得直立挺拔，结出的籽荚酷似鹳鸟的嘴，由此就有了这个俗名——老鹳草。这种植物过去常见于晒制干草的草地，现在由于精细化农业的推广，人们看见它更多的是在道路两旁。该植物在传统医学中被用作防腐剂，并被用来治疗霍乱、痢疾等多种疾病。

257

花梗
Herb Bennet
Geum urbanum

种植物的叶片为三裂叶，花有 5 瓣（人们认为它代表着基督受难时身上的 5 处伤口）。其拉丁文学名最早为 *herba benedicta*，后改为 *Herb Bennet*（水杨梅的一种）。这种植物通常要到结籽时才会被更多人认出，因为这时它会长出一簇簇带有小钩的干果。这些小钩很容易钩住人的衣服或动物的毛皮，它靠这种方式来散播种子。

水杨梅
Water Avens
Geum rivale

上图：9月是观赏水杨梅优雅花朵的最后时机。

左图：花梗的花与种子都令人着迷，但其生命力的韧性也成为花园中的一件麻烦事。

该植物原产于欧洲北部、中部以及北美洲，多长在牧场和森林等潮湿环境中。人们很早就用这种植物治疗消化道疾病和感冒。据说，它的根可以用作驱虫剂，而且将其煮沸后饮用还可替代热巧克力。在花园内种植水杨梅是一种吸引野生动植物聚集的绝佳方式，它不仅可为蜻蜓、蝴蝶和蜜蜂提供食物，还能为青蛙、蝾螈等遮风挡雨。

圆叶风铃草

Harebell

Campanula rotundifolia

盛开在苏格兰斯科默群岛上的圆叶风铃草，当地人称之为蓝铃草。

这种有着极强生长韧性的野花，生长在背风的海岸和北半球温带裸露的山坡地带。人们认为它代表着童真与谦卑。据说，梦见此花是一个人获得真爱的象征。苏格兰人称这种花为蓝铃草，由于栖息地的减少，它在那里的生存正在受到威胁。圆叶风铃草的英文俗名为"Harebell"，据说是因它生长在野兔经常出没之地而来。民间传说每块风铃草草地都住着一位仙女，这也是人们通过这些草地时应该放轻脚步的原因。

意大利蜡菊
Curry Plant
Helichrysum italicum

图中右侧远处的蜡菊（那些黄色花朵）生长在瓦尔默城堡花园的菜园中。

人们最早发现这种植物是在地中海沿岸。古希腊和古罗马人用这种花制作的花环装饰他们的雕像，让其有戴上黄金头冠的效果。在公元1世纪，古罗马科学家普林尼（大，Pliny）利用该植物的辛辣香味保护衣服，防止虫蛀。现在，这种花常被用于制造香水和一种天然的黄色丝绸。丝绸由蚕丝织成，而这种蚕是用蜡菊花瓣和桑叶混在一起喂养的。在意大利的撒丁岛，这种丝绸常用于制作传统服装。这种植物的英文俗名之所以为"curry"（咖喱），是因为它散发着一种很强的咖喱味。

261

蓬子菜
Lady's Bedstraw
Galium verum

这种常见于英国草原的一簇簇鲜艳的黄花，散发着蜂蜜一样的芳香。人们在有现代床垫之前，就用它来垫床睡觉。这种植物柔软而富有弹性，还有一种能驱走跳蚤的苦味。按照中世纪的民间传说，圣母玛利亚是在蓬子菜和凤尾草（bracken）制作的床上产下的耶稣。据说，蓬子菜开花时，花会由白色变为金色，是在为婴儿时期的耶稣庆生。由于凤尾草当时没有认出婴儿时期的耶稣，结果就失去了开花的本领。

鸟爪三叶草
Bird's-foot Trefoil
Lotus corniculatus

上图：鸟爪三叶草是英国一种常见的本土野花。

左图：9月仍是观赏花园和草地中篷子菜盛开的最佳时间。

这种植物又被形象地称为"蛋黄与咸肉"，因为它的花会呈现各种各样的黄色，时不时还会呈现出粉红色。该植物开花后结出的细长种荚看上去像鸟的爪子，这就是其英文俗名中"鸟爪"（Bird's foot）的来历。英文俗名中另一部分"三叶草"（Trefoil）则与该植物的叶片形状有关。鸟爪三叶草原产于欧亚大陆和北非的温带地区，现作为一种牲畜饲料在世界上其他许多地区都有种植。

263

摩洛哥海滨刺芹
Moroccan Sea Holly
Eryngium variifolium

9月，摩洛哥海滨刺芹带有尖刺的花朵盛开在挺直的茎秆顶端。

这种海滨刺芹原产于北非，人们认为它是独立与令人敬仰的象征。虽然摩洛哥海滨刺芹的尖状树叶很像冬青树的树叶，但它们之间并没有关系。由于这种植物长有可以固定沙子的长直根，所以它在沿海地区能起到防止海浪冲蚀沙滩的作用。刺芹的花朵外形奇特，色彩迷人，是一种广受欢迎的花园植物。在过去，人们将它的根做成蜜饯，当作一种壮阳品食用。

起绒草
Common Teasel
Dipsacus fullonum

仔细观察你会发现，起绒草的花序中长有许多紫色的小花。

起绒草尖尖的种荚在冬季为金翅雀等鸟类提供了食物，但那些鸟必须要"梳理"出里面的种子来吃。在夏季，这种花的冠头花序呈绿色，带有紫色花环，特别招蜜蜂喜欢。该植物原产于北非、欧洲和亚洲，18世纪被引入北美，成为那里的一种被驯化的外来物种。其学名中的"*Dipsa*"一词来自希腊语，意为"口渴"，因为叶子一旦与茎干相遇便会吸收水分。人们在早期纺织工业的布面拉绒工艺中，使用的是起绒草的人工栽培变种，其茎秆弯曲且很强壮。

9月13日

小鼻花
Yellow Rattle
Rhinanthus minor

对于用野花来装点草坪的人来说，这是一种很受欢迎的一年生花卉。小鼻花是半寄生植物，它能从土壤吸收水和营分，帮助其他花卉生长。由于其所在的土壤中营养物质变少，会减缓周围杂草的长势，使

小鼻花的花期可延续到秋季，这种植物有助于新野花的定植。

得其他较为脆弱的传统植物因此能与杂草竞争并生长。小鼻花凋谢和种子成熟后，摇动种荚会听到咯咯的声音，其英文俗名中的"rattle"（咯咯声）便由此而来。

落新妇

Astilbe

Astilbe rubra

这种植物让花园呈现出夏末的景色，其花期通常会持续到9月末。

由于该植物的花序形状，故又称"假山羊须"。这种毛茸茸的植物原产于东亚的中国、日本、朝鲜和韩国，多见于阔叶林边缘地带与荫蔽的河岸边。该植物从前的学名称为"*Astilbe chinensis*"，世界各地都把它作为花园植物进行培植。1902年英国的《皇家园艺协会杂志》(*Journal of the Royal Horticultural Society*) 在介绍这种植物时，称它是重要的耐寒性多年生植物之一。由于它特别喜爱完全荫蔽的环境，所以适合在花园中一些阴暗区域种植。人们认为这种花是忍耐的象征。

268

黑心金光菊
Coneflower
Rudbeckia hirta

黑心金光菊在一枝单茎上只开一朵花，花朵的颜色呈黄、橙、红等，热情奔放。

这种植物原产于美国中部地区，可用来进行草原植被恢复。因为它们具有定植速度快的特点，凋零后会让位于其他生命周期长的多年生植物，这样有利于稳定土壤，防止水土流失。这种植物能为鸟类及蝴蝶提供食物。由于开花时间较晚，因此在花园里也常有种植，即使在非正式的草地式园林中也可以很好地生长。人们认为，黑心金光菊是鼓励与鞭策的象征。

福禄考
Phlox
Phlox paniculata

福禄考的花色艳丽、香气怡人，在花园中是一种常见的观赏植物。

福禄考作为一种观赏植物，在世界各地的花园中被广泛种植，原产地为美国东部与中部地区。学名来自表示"热情"的希腊语单词，人们认为它能够为两颗结合在一起的心灵带来温暖，用在与友情与爱情相关的场合时，可以产生神奇的魔力。它也用来代表和睦与谅解。

腓特烈·桑德尔（Frederick Sander）的《莱辛巴赫图谱Ⅱ》（*Reichenbachia Ⅱ*，1890年）中的万带兰插图。

万带兰
Waling-waling
Vanda sanderiana

万带兰属于兰科植物，也以"菲律宾花皇"（Queen of Philippines flowers）闻名于世，这种植物对该地区土著人而言，具有精神上的含义。有时被划归为万灵兰属（Euanthe）植物，被视为世界上最漂亮的兰花。由于被过度采集，目前在野外已很难看到它们。菲律宾试图将其定为国花以加强保护。

271

玻璃苣
Borage
Borago officinalis

玻璃苣的花朵可添加在沙拉中，让菜品形色俱佳，本身也可食用。

玻璃苣原产于地中海沿岸国家，自罗马人将它引入后，便在欧洲的许多花园中被广泛种植。玻璃苣的叶子清爽提神，味如黄瓜，常在鸡尾酒（Pimm's Cup cocktail）中被作为一种装饰，还可被用来制作沙拉。蓝色的星状花朵也可供人食用，添加在食物和饮料中，既可装饰又可增加风味。

272

洋桔梗

Lisianthus

Eustoma grandiflorum

这种植物的花朵在外观上与和它有亲缘关系的康乃馨类似。

这种植物也称为草原龙胆草（*prairie gentian*），属康乃馨科植物。起初人们将其从得克萨斯草原采集来作为一种观赏花，作为鲜切花来用也很常见。上图中这个品种是在日本培植的。最初得克萨斯的这种野生蓝钟花，已被培育出许多色彩丰富的品种。人们认为它代表着感谢。英文名称"lisianthus"一词意思是"苦味的花"，源自这种植物在传统医药中使用时的苦味。

黄根草
Asian Watermeal
Wolffia globosa

这里所看到的这种植物的细小叶片，与叶片较大的水生植物紫萍相伴而生。

正如其英文俗名所提示的，这种水生植物原产于亚洲部分地区，但在美洲的一些地方也有发现，那里很可能也是一个原产地。在人们的描述中，它是世界上最小的开花植物，花的直径只有 0.1 ~ 0.2 毫米。作为泰式烹饪的一部分，它可供食用。一直以来，人们还用这种植物来清理水道，因为它们能够吸收河中多余的养分。作为一种植物，它还是维生素 B_{12} 的来源之一（维生素 B_{12} 常存在于细菌和真菌中），这一点不同寻常。

麦仙翁

Corncockle

Agrostemma githago

麦仙翁的花朵精致优雅，每朵花的直径可达 3 ~ 5 厘米。

麦仙翁最初是在麦田里被发现的，正如其名之意，它被当作一种长在农作物中的杂草，在铁器时代与农作物一道被引入了英国。20 世纪初，随着种子清选技术的改进和杀虫剂的使用，这种植物急剧衰落，目前野生株已十分罕见。如今人们将其与野花混种在一起，其花期可贯穿整个夏季。人们认为麦仙翁象征着持久与文雅。

西番莲
Passion Flower
Passiflora edulis

西番莲的不同部位在宗教上都被赋予了不同的含义。

这种具有异域风情的植物在热带和非热带气候下都能生长，其中一些品种，特别是肉色西番莲（Passiflora incarnata），即使室外温度降至0℃，只要花卉园中有遮蔽设施，它依然可以存活。西番莲的果实可以食用，即人们熟知的西番莲果。16世纪以来，在南美的基督教传教士用这种花来解释和象征基督之死，从此西番莲便广为人知。这种植物的一些外观特征被赋予了某种象征意义：藤蔓的卷须代表着鞭子，五个雄蕊和三个花柱分别代表着基督身上的伤口和十字架上的钉子。

276

大丽花"兰达夫主教"
Dahlia "Bishop of Llandaff"
Dahlia 'Bishop of Llandaff'

"兰达夫主教"大丽花是最流行的大丽花品种。

随着近期大丽花名声的重振，各种形状和花色的大丽花再次在花园中流行起来。大丽花原产于墨西哥和中美洲，阿兹特克人将这种植物作为农作物来种植，因为其块茎可食用。1787年，法国生物学家尼古拉－约瑟夫·蒂埃里·德梅农维尔（Nicolas-Joseph Thiéry de Menonville）在墨西哥旅行途中，在瓦哈卡（Oaxaca）的一个花园中看到了这种"美丽动人的花朵"，并对此做了记载。两年后，大丽花在西班牙马德里的皇家花园中栽植成功。从此，大丽花开始在欧洲流行起来。

爱尔兰风铃
Bells of Ireland
Moluccella laevis

尔兰风铃并不源于爱尔兰，事实上它原产于土耳其、叙利亚和高加索之间的一个区域。英文俗名中有爱尔兰，可能源于其叶子鲜绿欲滴，而绿色是爱尔兰的国色。爱尔兰风铃的花朵像绿色的铃铛，沿着茎干生长，组成高高的穗状花序，有时可高达1米。其属名"Molucca"源自马鲁古群岛（Molucca Islands）的名字，该岛位于印度尼西亚东部，人们认为这里才是原产地。据说，这种植物是幸运的象征。

毛剪秋罗
Rose Campion
Lychnis coronaria

上图：园艺师们用毛剪秋罗来丰富夏末花园的色彩。

对页图：爱尔兰风铃通常在7～9月开花。

这种植物原产于欧洲东南部，以前，毛剪秋罗的属名为"*Lychnis*"，源自希腊语"lychnos"，意为"灯"。人们认为这与将其叶子黏结在一起作为灯芯有关。其种名为"*coronaria*"，因为传统上人们会将这种花做成花冠。银灰色的树叶和樱桃色的漂亮花朵，使它成为花园中一种流行的观赏植物。

帝王蝶会吸食半边莲中的花蜜。

深蓝半边莲
Great Blue Lobelia
Lobelia siphilitica

蝴蝶和蜜蜂这样的传粉昆虫对这种深蓝色的花甚为喜爱。这种半边莲有三个低花瓣，为蜜蜂提供了极为方便的落脚之处，蜜蜂会用自己身体的重量压开花朵后在里面爬行，如果蜜蜂背部在另一株半边莲上沾上了花粉，此时就会将其传到这朵花上，从而完成传粉任务。但是，有些蜜蜂会在花的根部简单地咬个洞来吸食其中的花蜜，而不会进入花朵内部。其种名"*siphilitica*"与一个传闻相关：这种植物能够治疗梅毒（syphilis）。

大红倒挂金钟
Hatschbach's Fuchsia
Fuchsia hatschbachii

这种大红倒挂金钟的花期从夏末一直到9月。

这种倒挂金钟原产于巴西部分地区，在气候温和的地区很常见。它在夏末开花，对寒冷天气有相当的忍耐力，这就意味着整个冬季它都可以在野外生长；而其他许多种倒挂金钟植物则需移入室内或加以修剪。因花期较长，这种植物是传粉昆虫和园艺师都十分喜爱的植物。

香子兰
Vanilla
Vanilla planifolia

香子兰的花一旦开放，便会被授粉，接着会结出豆荚，6～9个月后即可捡拾其果实。

在西式烹饪和烘焙过程中，香子兰（俗称香草）被视作甜品制作和宴会食品中的重要原料。不过在西方而言，香子兰更具有异域情调。这种植物是兰花家族的成员，原产于中美洲及加勒比海地区。据说，在被西班牙人引入欧洲之后，香子兰一直受到女皇伊丽莎白一世的喜爱，从而使这种花名声大振。如今，在世界上使用范围最广的调味品中，香子兰仅次于藏红花居于第二位。但是，目前99%的香草口味产品使用的都是合成香料，并非真正源自香子兰。

欧洲米迦勒菊
European Michaelmas Daisy
Aster amellus

初秋时节，当许多植物的花期纷纷进入尾声之际，花园中的欧洲米迦勒菊竞相绽放。

这种植物的属名"*Aster*"源自希腊语。意为"星"，这与该花形状有关。这种花在花园中很流行，在夏末和秋季开花，深受许多传粉昆虫的喜爱。其盛花期恰逢米迦勒节（Michaelmas Day）——基督教的一个节日（最初为 10 月 11 日，现在改为了 9 月 29 日）。这是天使长圣米迦勒和所有天使聚宴的日子，因为自这天起，白天渐短、渐冷，需要加强身体的防护了。

野烟草
Wild Tobacco
Nicotiana rustica

1961 年发行的一枚
法国邮票，其中有
法国外交官让·尼
科的头像以及烟草
的花与叶。

虽然在花园中更常见的是烟草属植物的其他品种，但野烟草这个品种效力更强，含有的尼古丁是其他品种的 9 倍。在南美洲称为"mapacho"，萨满教的巫医用它给人提神。在越南的一些地方，人们在餐后抽这种烟草以助消化。其属名来自法国外交官和学者让·尼科·德维尔曼（Jean Nicot de Villemain）的名字，因为 16 世纪是他把烟草引入了法国宫廷中。

帝王花
King Protea
Protea cynaroides

这种帝王花在花艺展上很抢眼，实际上，其头状花序是由许多小花组成的。

这种帝王花是南非的国花，在所有帝王花属植物中，其头状花序最大。该属植物中的不同品种花色丰富、大小不一，这就是为何以希腊变幻无常的海神普洛透斯（Proteus）来命名的原因。在植物展览场合，帝王花很常见，这不仅在于它们拥有奇异的外观，还在于它们可在花瓶中保持长时间的开放状态。

这幅插图是埃莉诺·维尔·波伊尔（Eleanor Vere Boyle）1872 年创作的水彩画。图中描述了安徒生的童话故事，拇指姑娘被一只燕子救走，遇见了花仙王子。王子周围是一株长着大白花和宽叶片的植物，与对天使喇叭花的描述相符。

天使喇叭花
Angel's Trumpet
Brugmansia arborea

这种小树上缀满了喇叭状的花朵，馥郁芬芳，在花园中广受欢迎。南美洲是其原产地，如今在那里的野生品种已灭绝，但在花园里，人们还是可以看到人工栽培品种，特别是在亚洲可以看到已适应本地环境的驯化品种。在冬季的花园中，如果有遮蔽设施，这种植物能够忍受 10℃的低温，否则需要移入室内来过冬。

异株荨麻
Nettle
Urtica dioica

10月仍是异株荨麻的开花期。此时不要去收割、烹煮或食用它们，因为食用开花期的异株荨麻会导致腹泻。

异株荨麻黄绿相间的花像柔荑花序那样，从茎干向下悬垂。这种植物有益于野生动物，可为龟甲蝶和孔雀蝶提供食物。花期过后，种子可供鸟类食用，也可收集起来供人食用。荨麻含有 $\Omega-3$ 脂肪酸，过去主要用来喂养马匹，可增加马鬃的光亮程度，提升马匹的体能水平。

287

勿忘我

Forget-me-not

Myosotis scorpioides

在整个英国，勿忘我草随处可见，花期通常为5月到10月。

这种植物学名中的"*Myosotis*"一词在希腊语中意为"鼠耳"，是对这种植物小叶子形状的描述。据说，它代表着回忆和缅怀。荷兰人有时将"勿忘我"种子送给参加葬礼的家属，以便在家中种上它以纪念逝者。这种花还用以象征真爱与忠诚，以及要被牢记的秘密。

康乃馨
Carnation
Dianthus caryophyllus

佩戴着绿色康乃馨的奥斯卡·王尔德，由唐尼公司（W. & D. Downey）于1899年拍摄。

这种花的学名来自希腊语，意为"上帝之花"，许多人把康乃馨称为"粉红布料"，这与其花瓣颜色无关，更多的是因为其皱褶的外形很像被锯齿剪刀裁剪布料后形成的锯齿边。康乃馨的种植历史已有2000多年，地域分布很广，其故乡究竟在哪里已经很难弄清，有观点认为它们最初来自地中海。这些花会被人们别在纽孔（或西装翻领）上，1892年，爱尔兰剧作家奥斯卡·王尔德（Oscar Wilde）让其朋友们戴上绿色康乃馨出席他的喜剧《少奶奶的扇子》（*Lady Windemere's Fan*）首演，此后，绿色康乃馨便成为同性恋的符号（王尔德曾因与青年道格拉斯产生同性恋被判入狱——译者注）。

假荆芥
Catnip
Nepeta cataria

假荆芥是一种可用于烹调的香草，对猫颇具吸引力。其花期很长。

假荆芥原产于欧洲、中东以及亚洲中部和西南部，如今在世界各地被广泛引种，并已变成了野化品种。与荆芥属的其他植物一样，假荆芥对三分之二以上的家猫会产生影响，会让猫产生亢奋感。这种植物释放的挥发性化学物质能刺激猫的大脑，引起其产生性反应，这也是为何小猫不会受此影响的原因所在。

百日菊
Common Zinnia
Zinnia elegans

百日菊的花能够在夏末时节为大自然增添色彩，若是气候温和，即使到了10月，它的花色依然鲜艳。

百日菊的家乡是墨西哥。由于它们易于生长且花期很长，目前在世界各地的花园中已被广泛种植，能吸引蝴蝶和其他昆虫前来传粉。对于久别重逢的好友，人们习惯将百日菊作为再次分别时的礼物赠予对方，以表达想念之意。人们认为百日菊最初被引入欧洲时，因其相貌平平且易于生长，便有了"贫民窟之花"（poorhouse flowers）的称谓。

多花耳药藤
Stephanotis
Marsdenia floribunda

多花耳药藤是一种常见的室内盆栽植物，如照料得当，10月依旧会花繁叶茂。

多花耳药藤原产于东非海岸的马达加斯加岛，因其花味芬芳，很适宜在室内盆栽。其英文俗名源于希腊语"stephanos"（意为皇冠）和"otis"（意为耳朵），这与其雄蕊的排列以及耳状花瓣有关。另外的俗名还有"马达加斯加茉莉"（Madagascar jasmine）和"新娘的花冠"（bridal wreath）。人们认为这种植物是夫妻和美的象征，在婚庆中常被人们选用。由于这种香味较重的花在开过后易变酸，因此凋谢后需及时剪去枯萎部分。

紫盆花
Small Scabious
Scabiosa columbaria

紫盆花的花期很
长,能为多种昆虫
提供花蜜和花粉。

紫盆花最初生长于非洲和欧洲部分地区,其英文俗名和拉丁文学名均源于罗马人用其治疗疥疮的历史。这种草地野花在花园中很常见,其另外一个俗名为"矮针座花"(dwarf pincushion flower),因为花的中心部分像个"垫子",长在上面的雄蕊像针一样向外伸出。蝴蝶非常喜欢这种花。由于其茎干较长,紫盆花通常被用作鲜切花。

海角苣苔
Cape Primrose
Streptocarpus saxorum

10月，在北半球，海角苣苔的花期行将结束，而在此时的南非，这种花的花期才刚刚开始。

海角苣苔原产于非洲部分地区，是一种常见的室内盆栽植物。其学名来自希腊语的"streptos"（意为"扭曲的"）和"karpos"（意为"果实"），其种荚的确既长又弯来绕去。1818年，英国植物收集家詹姆斯·鲍伊（James Bowie）将这种植物的种子送给了皇家基尤植物园（邱园），从此开始大规模培植这种植物。后来人们培育出了我们今天看到的花色丰富的许多品种。

金盏花
Pot Marigold
Calendula officinalis

人们将金盏花当作蔬菜的"伙伴"种在这个菜园里，以便用它们来抑制害虫。

据说金盏花源于欧洲南部和地中海东部，不过因其栽种历史悠久，如今已无人确知其源头何在。金盏花的花朵可食用，亦可作为一种装饰物放在餐盘中。这种花还一直被用于为织物和茶叶着色。园艺师认为它能驱除害虫的同时吸引传粉昆虫，故常将其栽种于菜园中。

秋水仙
Autumn Crocus
Colchicum autumnale

秋水仙精致的紫
花在 10 月开放。

秋水仙的外形虽然与"春番红花"（spring crocus）相似，但是在秋天开花。这些花朵的绽放和凋谢都发生在叶子长出之前，因此得到英文俗名"naked ladies"（裸花之意）。在林地、干草场以及欧洲和新西兰的花园中都能看到秋水仙的身影。秋水仙的英文俗名为"meadow saffron"（草地番红花之意），但切忌不可将其误认为是番红花属植物，它属于秋水仙属。人畜如果误食秋水仙的任何部位，都可能会带来危险。当然，秋水仙所含有的致毒化学物质秋水仙碱，已经被用来治疗痛风。

大戟

Sun Spurge

Euphorbia helioscopia

在英国，大戟的花期通常是在5～10月。

大戟原产于亚洲、北美以及欧洲大部分地区，由于其汁液为乳白色且有毒，因此英文俗名也被称为 "mad woman's milk"（疯女人的乳汁之意）。传统上，这种植物的汁液可用于治疗疣（肉赘），但具有一定的刺激性，会引起皮肤的光敏反应，如果人误吞下这种汁液还会中毒。这种植物喜欢生长在耕地上，如苏格兰低地，因此它们在野外的数量正日益减少。

紫松果菊
Purple Coneflower
Echinacea purpurea

英文名 "coneflower" 源于这种植物花朵中心部位的圆盘形状。

紫松果菊的故乡是北美洲，与向日葵是亲戚。学名中的 "*Echinacea*" 一词源自希腊语，意为 "带刺儿的"，因为这种植物长得像海胆。美洲土著人习惯于用这种植物治疗灼伤、毒虫咬伤、咳嗽和胃痉挛等。研究表明，该植物能刺激免疫系统，具有一定的抗炎功效。

蠸草
Field Scabious
Knautia arvensis

蠸草通常在7月至10月期间开花。

每株蠸草可以长出50朵花，为以植物种子为食的鸟类提供了丰富的食物，朱胸红顶雀特别喜爱吃蠸草的种子。英文名之所以称为"Scabious"（疥疮），大概因为其茎干粗糙且具有毛状纹理，看上去像长满疙瘩的皮肤。在古时候，草药医生用这种植物的一些部位（与人体生病部分相像的部位）来治疗一些疾病，遵循着"按特征治疗的信条"，蠸草被用来治疗人体的疥疮和止痒。

此图为皮埃尔·约瑟夫·布肖茨（Pierre Joseph Buchoz）收藏的一幅彩色蚀刻版画。

桃叶蓼
Kiss-me-over-the-garden-gate
Persicaria orientalis

人们认为这种植物的故乡在中国和乌兹别克斯坦。据传，托马斯·杰弗逊总统对这种花极为喜爱，因此在美国的花园中尤为流行。其英文名为"princess-feather"（妃子羽），或许源自其粉红色细长而柔软的弓形穗状花序。在传粉者中，蜂鸟尤其喜爱这种花序，这种植物可以轻易地进行自我播种，这在一定程度上降低了对传粉者的吸引力。

秘鲁果
Apple of Peru
Nicandra physalodes

深色花蕾和花朵同时出现在这种植物上，其英文名字源自其具有装饰性的果实。

这种植物为茄属植物，人们认为它原产于南美洲西部地区，如秘鲁。这种植物的花朵很迷人，果实亦不同寻常，常被种植在花园中，其干花有时也会用在花艺中。有时，它因鸟类粪便等携带的种子而自然长在花园中。不过，这种植物无法在天气寒冷的条件下生存。在世界一些地方，它成为农田中的杂草，但人们也会在温室中栽培它以抑制粉虱，由此它有了另一个英文俗名"shoo-fly plant"（意思是可以赶走飞虫的植物）。

301

矮牵牛
Wild Petunia
Ruellia humilis

这种植物矮小，但花朵繁茂。

这种牵牛花源自美国东部地区，在牧场、田野和不太潮湿的开阔林地随处可见。其种名"*Humilis*"与该植物长不高的特性有关。在北美，人们正将其作为一种本土植物引入花园中以丰富野生品种。在英国，这种植物耐旱的能力颇得园艺家的青睐。其属名为"*Ruellia*"，旨在纪念让·鲁伊勒尔（Jean Ruelle），他是法国一名草药医生和弗朗西斯一世国王的医生。

302

蝴蝶木
Butterfly Bush
Rotheca myricoides

注意别将蝴蝶木与
醉鱼草（buddleja，
参见第315页）相
混淆。在非洲的博
茨瓦纳，蝴蝶木在
10月进入开花期。

"Butterfly Bush"既是蝴蝶木的英文俗名，也被用于"醉鱼草"（即Buddleia，这种植物可吸引蝴蝶）。蝴蝶木这个名称可谓名副其实，因为紫色花簇长得很像蝴蝶。蝴蝶木的每朵花由五个花瓣组成：四个淡蓝色的侧瓣如同蝴蝶的翅膀；低位的深蓝色花瓣则像蝴蝶的头、胸和腹部；华丽弯曲的雄蕊像蝴蝶的触须。蝴蝶木开花后结出肉质果实，呈黑色。这种植物源自非洲，如今已遍及世界各地。

303

仙客来
Ivy-leaved Cyclamen
Cyclamen hederifolium

仙客来的花期在秋季，10月可为花园和林地装点色彩。

该植物原产于地中海中部和东部林地和多岩石地区，其英文名和拉丁学名都与其叶子类似常春藤叶子有关。这种花的茎干从块茎中长出，开花后茎干常缠绕在一起，使果球离地面更近，以助力种子散播和发芽。据说古希腊人用这种植物的根块制成糕饼，当作催情药来吃。人们还认为这种植物可治疗秃顶，并有助于加快分娩。

牵牛花
Common Morning Glory
Ipomoea purpurea

牵牛花在10月进入开花期，是园艺师十分喜爱的一种植物。

牵牛花原产于墨西哥和中美洲，在世界许多地方，它被作为园栽植物引进后又被视为一种杂草。牵牛花可开出大量的花朵，但很快就会凋落。在其开花期内，新开出的花朵总是在每日清晨随着太阳升起而绽放，这也是其英文名叫做"Common Morning Glory"（清晨盛开之意）的原因所在。牵牛花的种子含有D-麦角酸氨基化合物（LSA），与LSD这种迷幻药类似，食用这些种子会使人产生幻觉。

305

蜜蜂花
Lemon Balm
Melissa officinalis

蜜蜂花小巧洁白，可从 6 月一直开到 10 月。

蜜蜂花是唇形科植物，原产于伊朗和地中海部分地区，如今在世界各地被广泛引种。这种花很受蜜蜂的欢迎，是蜜蜂酿蜜的重要来源。自 10 世纪始，它还被当作药用植物。近来更多的临床实验证明，它具有帮助睡眠、减轻压力的功效。蜜蜂花的叶子用热水浸泡后可作为茶来饮用，还可将处于开花期的茎干放入浴缸中，这样可以洗一个舒适的植物浴。

铜头翠蜂鸟（coppery headed emerald hummingbird）这类鸟大都对喙赫蕉喜爱有加。

喙赫蕉
Lobster Claw
Heliconia rostrata

喙赫蕉的家乡在美国中南部和南美洲的北部地区，与同属的其他品种不同，这种植物开的花会朝向地面。当花朵直立时可为鸟类和昆虫蓄存雨水，而当花面朝下时则为鸟儿们提供花蜜。这种植物在热带花园中很常见，对蜂鸟颇具吸引力。英文名"lobster claw"（虾螯）与花朵周围的喙状苞叶有关，这些色彩亮丽的花朵可使传粉昆虫趋之若鹜。

307

白山桃
White Gaura
Gaura lindheimeri

 山桃原产于美国得克萨斯州和路易斯安那州南部，在全球气候温和的地区，这是一种常见的园栽植物。人工培植种"舞蝶"（Whirling Butterflies）尤为流行，在其高高的茎干上绽放着许多精美的花朵，随风起舞，如同群蝶光顾。在野外，白山桃常见于大草原和松树林中。这种植物具有一定的耐旱性，颇受园艺师的喜爱。

夏枯草
Selfheal
Prunella vulgaris

上图：夏枯草可浸泡于热水中制成药茶饮用。

左图："舞蝶"作为人工培育品种，是白山桃这种多花植物中的流行品种。

夏枯草原产于气候温和的地区，属于唇形科植物，花期很长，花色多样，从蓝色到白色或粉红色。在许多地方，这种植物已经变得具有侵略性而被视为杂草。夏枯草的所有部位皆可食用，而且它作为药用植物的历史也很悠久。它可缓解诸如荨麻疹等导致的皮肤刺痒，制成茶后饮用具有退热功效，还可治疗心脏方面的一些疾病。研究表明，由于其含有乌索酸（ursolic acid），所以这种植物确有抗氧化作用和抗炎功效。

朱槿
Chinese Hibiscus
Hibiscus rosa-sinensis

新加坡圣维拉玛卡里阿曼庙（Sri Veeramakaliamm—an Temple）中一座印度教女神迦梨的塑像。

作为一种观赏性花卉，这种植物有许多用途。在太平洋群岛上，人们会将朱槿制成沙拉来食用；在印度，人们用它来擦鞋，红色花朵则被用于敬拜印度教女神迦梨（Kali）；在中国，人们认为它具有药用价值，传统上用于治疗痢疾和腹泻。1960年，它成为马来西亚的国花，在那里，其名字意为"欢庆之花"（celebratory flower），并作为标志印在所有马来西亚的银行票据上。

草莓树
Strawberry Tree
Arbutus unedo

草莓树开花与结果
几乎同时进行，在
人们看来，其果实
与草莓很相似。

草莓树的果子可食用，与草莓有些相似，果实需要 12 个月才能成熟。果实颜色越红，成熟度越高，味道就越甜。种名"unedo"据说是老普林尼（Pliny the Elder，23～79 年。古罗马作家和自然哲学家——译者注）所起。他提到这种水果时称它们为"unum tantum edo"（意思就是"我只吃一枚足矣"）。至于是因为果实味道可口，吃一个即满足，还是对此没有兴趣不想再吃第二个，人们就不得而知了。

黑刺李
Blackthorn
Prunus spinosa

黑刺李在春季开花，之后会结出果实，10月成熟后会被收集起来，用来制作黑刺李杜松子酒。

人们经常将黑刺李与外观相似的山楂树相混淆，辨认的方法是，黑刺李在叶子长出前开花，而山楂树在叶子长出后开花。这种植物的黑色果实叫黑刺李，人们将其收集起来制作黑刺李杜松子酒以及蜜饯。黑刺李是一种花期较早的灌木，雌雄花蕊同株，它可为蜜蜂提供适宜的花粉和花蜜。

马鞭草

Verbena

Verbena bonariensis

马鞭草可使绿化带增加高度，它们可自我传播种子。

马鞭草的英文名称为"*purpletop*"（紫色顶的意思），原产于南美洲热带地区。"马鞭草"的学名源于拉丁文"sacred bough"（神圣的树枝），这与牧师将马鞭草多叶的枝条折下入药相关。这是一种耐旱且有益于野生动植物的园栽植物。在基督教中，人们认为耶稣被从十字架上放下来后，为其治疗伤口的正是马鞭草。因而，马鞭草被赋予保护、治愈和幸福的寓意。

313

10月30日

金丝桃
St John's Wort
Hypericum perforatum

从左至右：阔野车前草、异株荨麻、金丝桃，正在晒干以作为药物使用。

在传统草药中，这种植物可用于治疗抑郁症，一些病例表明，它与抗抑郁药物有同样的功效。在缓解一些更年期综合征方面或许也有作用，但须注意，它也会减弱治疗心脏疾病和调节呼吸等药物的效用。

大叶醉鱼草

Butterfly Bush

Buddleja davidii

与其英文俗名相称，这种灌木会吸引诸如图中孔雀蝴蝶在内的许多传粉者前来。

目前已知有 11 种从蝴蝶和蛾子家族蜕变出的毛虫，以这种植物的叶子和花为食，这也是夏季里众多蝴蝶群集在这些花朵周围的原因。大叶醉鱼草的故乡为中国和日本，19 世纪晚期被引入英国，20 世纪 30 年代，野化成功。今天，在铁轨沿线和一些杂乱之地都可以见到这些植物，它们是许多野生动物获取花蜜之源。

鹤望兰
Bird of Paradise
Strelitzia reginae

在南非，11月是鹤望兰开花的季节。

这种奇异花卉的家乡在南非，因其具有异国情调和极佳的装饰用途，在全球气候温暖的地方都有栽培。这种花形如一只色彩亮丽的鸟儿，其传粉方式同样让人印象深刻。太阳鸟栖息在与根部蜜腺融为一体的蓝色花瓣上，当鸟儿落下进食时，隐匿于花瓣中的花粉囊就会在鸟脚上刷满花粉。鸟儿飞到下一株花朵上时，重复进行这一过程，于是鸟儿就完成了为鹤望兰传粉的任务。

柳穿鱼
Common Toadflax
Linaria vulgaris

柳穿鱼是一些传粉昆虫的食物来源，如具有大理石花纹的白蝴蝶，就是其传粉者之一。

这种植物原产于欧洲和亚洲的温带区域，主要生长在开阔的草原或干旱的土地上。黄色的花朵与金鱼草相似，需要昆虫用自身足够的体重撑开花朵并为其传粉，因此它们便成为大黄蜂、蜜蜂、蛾子和蝴蝶的食物来源。人们推测，其英文名"toadflax"与蟾蜍（toad）联系在一起，可能源于其花序与蟾蜍嘴相像，也可能是因为蟾蜍常在这种植物的茎干中藏身。

317

番红花
Saffron Crocus
Crocus sativus

从图中可以看到，番红花细长的红色柱头从每朵花的中心长出，被采摘下来后可制成香料。

长满花粉的柱头位于淡紫色花朵的中心，这些柱头被采摘下来后可做成香料或制成橘黄色的染料。当番红花在伊朗被大量种植时，它们也因其具有商业价值而在法国、西班牙和意大利的部分地区被引种。每朵花上的三个柱头要靠手工采摘，烘干后可制成具有香辣味的香料。法式杂鱼汤和西班牙什锦饭都会用到这种香料。不过，一汤匙的干燥柱头粉就需要用掉 50 朵番红花，因此成为世界上最贵的香料。

常春藤
Common Ivy
Hedera helix

图中展示的是一幅狄俄尼索斯头戴常春藤叶子和果实的镶嵌画，出自公元前2世纪后半叶的希腊科林斯（Corinth）遗迹。

常春藤原产于欧洲大部分地区，作为一种观赏性植物，已经被引种到世界上的许多地方。对野生动物而言，这是一种非常有益的植物，既能为其提供食物来源又能当栖息地。常春藤与古希腊神话中的酒与植物之神、狂欢与丰产之神狄俄尼索斯（Dionysus）的名字是联系在一起的。狄俄尼索斯常被描绘成头戴常春藤花冠，人们认为常春藤就长在他儿时故乡的神山尼斯之上。

欧石南
Heather
Calluna vulgaris

英格兰约克郡的沼泽地上，欧石南花遍地开放，光彩夺目。这种花将持续绽放到11月上旬。

在欧洲和气候温和的亚洲部分地区，这种植物主要生长在沼泽地和荒野中。在苏格兰，白色的欧石南被认为是幸运之物，相较于紫色品种，它更为少见。人们相信只有在兵不血刃的土地或者精灵们的墓地上才会有白色欧石南的倩影。维多利亚女王从巴尔莫勒尔（Balmoral）把白色欧石南的嫩枝带回英格兰后，这种观念得以广泛传播，深入人心。有时候，人们还把白色的欧石南树枝放进婚礼花束中，以祈求好运降临。

一幅彩色石版画中描绘的药用蒲公英，选自瓦尔特·穆勒（Walther Müller）绘制的植物学插图，原图见于《赫尔曼·阿道夫·科勒的药用植物》（*Hermann Adolph Koehler's Medicinal Plants*，1887年）。

药用蒲公英
Dandelion
Taraxacum officinale

药用蒲公英这个品种在全球各地随处可见，开花之后结出的果球具有散播种子的超级能力，原因在于这些果球能够在广阔大地上随风撒播。种子上带有伞状附器，并可根据空气湿度做出是否飘飞的反应。这种蒲公英的英文名曾叫"fairy clocks"（精灵之钟的意思），因为人们认为它散播种子时的飘浮数量会透出时间信息，或者它开始飘浮时就代表一个心愿将得以实现。

布瓦尔木
Firecracker Bush
Bouvardia ternifolia

这种植物又名蜂鸟花，原因在于鸟儿、蜜蜂和蝴蝶都享受着它那繁茂花朵中的花蜜。

这种植物的花呈亮丽的红色，在美国西南诸州、墨西哥大部分地区以及洪都拉斯南部随处可见。它们由蜂鸟传粉。西班牙人根据其花的形状，称其为"trompetilla"，即"小喇叭"。它的花姿态迷人，在人们眼里，象征着对生活的激情和热爱。

323

袋鼠爪
Kangaroo Paw
Anigozanthos rufus

上图：袋鼠爪有毛茸茸的红色花朵，在人们看来算是名副其实。

对页上图：该花因生长在澳大利亚珀斯的杰拉尔顿市（Geraldton）而被命名，那里是它的故乡。

对页下图：其名称与每朵花的暗色花心有关。

从名字便知袋鼠爪的故乡在澳大利亚，它多生长于西澳大利亚南部滨海地区。其花朵呈管状，纹理如天鹅绒，外观似袋鼠的爪子。作为一种传统药草，它可愈合伤口，因为它具有减少皮肤疤痕与皱褶的性能，现在也被用于一些护肤产品中。由于这种植物的鲜亮色彩和结构性特征，在气候温暖地区的花园中颇受欢迎，可作为鲜切花使用。

杰拉尔顿蜡花
Geraldton Wax Flower
Chamelaucium uncinatum

这种植物原产于澳大利亚西南部，由于其花朵盛开的时间可达三周之久，从事鲜切花的企业从商业角度出发广泛种植了这种植物。因其花瓣带有蜡质感，因而被称为"蜡花"（wax flowers），这个特性使它们比其他鲜花拥有更长的保鲜期，常被用于婚礼花束和花冠中。

11月10日

黑眼苏珊藤
Black-eyed Susan Vine
Thunbergia alata

黑眼苏珊藤的故乡在东非，是一种一年生花园植物，在世界许多较为寒冷地区的花园中很常见。在气候比较温暖的地区，如北美和澳大利亚，这种生长速度很快的藤蔓已被野化，具有较强的侵略性。在东非，人们将其作为动物饲料并用以治疗皮肤不适和眼睛上火时的疼痛。

罂粟
Common Poppy
Papaver rhoeas

佛兰德斯的田野上，罂粟花在十字架中随风飘荡，一排排标记着我们的位置。
天空中百灵鸟依旧勇敢地歌唱，枪炮在低处鸣响，
遮不住的歌声若隐若现地飞翔。我们活着的日子屈指可数，
黎明前我们倒下去迎接死亡。看着斜阳在坠落中发出的光芒，爱我们的人和我们所爱的人啊，此刻，我们躺在了佛兰德斯的田野上。

选自《在佛兰德斯的田野》（*In Flanders Fields*，1915年），作者约翰·麦克雷（John McCrae）。

人们用罂粟花纪念那些战斗中的牺牲者以及为国捐躯者。第一次世界大战之后，留下的一些泥泞战场残破不堪，简直就是死亡之地，看上去那里是不可能长出什么东西的。然而，野生罂粟却在这些荒芜的土地上顽强地生根发芽，用其鲜红的花瓣向世人警示着杀戮的残忍，表达着生命的坚韧和生活的希望。加拿大军医约翰·麦克雷中校的诗作描述了这一情景。许多人受此启发，用罂粟花作为一种符号来表达对逝去生命的追思。（中国法律明文禁止非法种植罂粟——编者注）

在法国索姆（Somme）第一次世界大战时的一个战场上，罂粟花在荒野中盛开，像一片红色的海洋。在花朵将凋谢之时，许多人会采下花朵戴在身上，成为一种追思的符号。

蓝旋花
Blue Rock Bindweed
Convolvulus sabatius

这种植物会开出成簇的漏斗形紫色花朵。

这种旋花属植物又名"毛里塔尼亚旋花"（Convolvulus mauritanicus），原产于非洲西北部阿尔及利亚、摩洛哥等沿海地区以及意大利南部。其种名"*sabatius*"是指发现这种植物的意大利萨沃纳（Savona）。在原产地以外的各种花园中，它是一种常见的夏季一年生植物。尽管被看作是一种侵略性强的旋花属植物，但在大多数情况下，这种植物并没有过强的生命力。

白野芝麻
White Dead-nettle
Lamium album

这种植物的花期很长，甚至到了 11 月都在开花。

白野芝麻原产于欧洲和亚洲，其英文俗名源于这种植物与刺荨麻（*Urtica dioica*）相似，但它并没有刺。一旦开花，其特色鲜明的白色花簇就显得与众不同。蜜蜂很喜爱这种花，它们一年内大部分时间都处于开花状态，可为蜜蜂和蛾子提供食物。此外，白野芝麻的叶子还是果园虎蛾幼虫和绿龟甲虫的美食。

密花相思树
Golden Wattle
Acacia pycnantha

伊丽莎白二世在加冕礼上与侍女们的合影，加冕长袍上绣着密花相思树的花与叶，塞西尔·比顿（Cecil Beaton）摄于1953年。

密花相思树源自澳大利亚东南部。在花园中生长的密花相思树，花色明黄，气味芳香。如果遭遇野火，这种植物通常是第一种发芽的植物，可谓"野火烧不尽、春风吹又生"，代表着坚韧与复活。密花相思树是澳大利亚植物的象征。1953年，在伊丽莎白二世加冕长袍的白色缎带上，用黄线绣上了这种植物的花，用绿色和金色线绣上了这种植物的叶子，以此代表澳大利亚。

这是一幅彩色石印版画，左起第二株为鼠尾草。选自珍妮·洛顿（Jane Loudon）夫人1849年所著《女性花园中的多年生观赏植物》（*Ladies Flower Garden of Ornamental Perennials*）。

1.Salvia fulgens 2.Salvia rosea 3.Salvia Grahami 4.Salvia angustifolia

鼠尾草
Gentian Sage
Salvia patens

这种植物原产于墨西哥中部地区，其花朵呈现出一种在园艺界比较罕见的蓝色，因而倍受园艺师的青睐。1838年被引入英国各地花园中种植，特别是在爱尔兰很受欢迎，加之植物学家威廉·罗宾逊（William Robinson）的大力宣传，因而名声大振。罗宾逊在1933年出版的名著《英国花园》中称这种花"毋庸置疑地具有任何人工培植花卉都无法超越的漂亮颜色，能与其比肩者屈指可数"。

11月16日
紫苑
Tatarian Aster
Aster tataricus

紫苑的原产地很广泛，包括西伯利亚地区、中国北方、蒙古、朝鲜、韩国和日本。因具备抗菌功能，两千多年来一直是传统中医的常用草药。但近年癌症研究人员研究发现，该植物本身并没有抗菌功能，发挥药效作用的活性成分紫苑苷（astins），其实是这种植物内一种真菌产生的，叫作蓝菌紫苑苷（Cyanodermella asteris）。

11月17日
龙面花
Dark Sky-blue Aloha
Nemesia caerulea

龙面花原产于南非西南部，主要生长在当地裸露的山坡地带。这种植物开出的小花散发着淡雅香味，有蓝、粉红、白等不同颜色。龙面花小巧玲珑，适应多风环境，因此园艺师们常将其种在花坛或花盆里。这种植物的人工栽培种都是由龙面花属植物的野生种培育而来，因此颜色差别很大。人们认为这种花是友谊的象征。

右图:《奥勒利安:英国天蛾与蝶蛾史》(*The Aurelian. A Natural History of English Moths and Butterflies*) 中的千里光植物插图，摩西·哈里斯 (Moses Harris) 1840 年著。

对页上图:紫苑生命力顽强，花期从夏末一直延续到霜冻时节，通常到11 月。图中所展示的是一个人工栽培品种。

对页下图:人们培育出紫蓝色的龙面花后，又培育出了许多其他颜色的龙面花，在花园中都很常见。

疆千里光
Ragwort
Jacobaea vulgaris

这种野花会给放养马匹等动物的牧场带来很多麻烦，因为它含有带毒性的生物碱，如果动物吃下它们，可能会导致肝脏损坏甚至死亡。该植物原产于欧亚大陆，如今在全世界许多地方都可以见到。在牧场 50 米开外的地方种植这种野花，不会对牲畜造成伤害，而且可以为野生动物提供食物。这种花能吸引大量蝴蝶和飞蛾，是许多昆虫采集花蜜的重要来源。由于树叶被碾压时会散发出一种难闻的臭味，人们有时也将其称为"马屁草"(mare's fart)。

酸浆
Ashwagandha
Withania somnifera

酸浆的绿色小花凋谢之后，每个诱人的橙色果实都被一个萼片包裹着。

酸浆是茄属植物，也叫印度人参。该植物生长在印度、中东和非洲部分地区。花为绿色钟形小花，开花后会长出暗橙色的果实。学名中的"*somnifera*"意为"诱导睡眠"。在阿育吠陀医学和其他多种文化的传统医学中，酸浆都被作为药用植物，人们认为它具有减缓压力和消除焦虑的功效。

秋蓟

Autumn snowflake

Acis autumnalis

秋蓟在初秋开花，花期一直延续到11月。

这种优美的块茎植物原产于地中海西部沿岸的阿尔及利亚、摩洛哥、西班牙以及葡萄牙。该植物在叶子脱落后会开出钟形的花朵，这使人们更容易观赏这些花朵。秋蓟尽管外表脆弱，但却是一种能忍受岁末低温的耐寒植物。花谢后，来年春天会再长出新叶。

鹅喉草
Blue Tweedia
Tweedia coerulea

这种生长在热带的藤本植物会绽放大量令人心动的蓝色花朵。

<big>这</big>种植物又称为"天蓝尖瓣藤"（Oxypetalum coeruleum），原产于巴西南部和乌拉圭，常生长在那里的多岩石地区。学名中的"*Tweedia*"一词，是为了纪念19世纪爱丁堡的英国皇家植物园首席园艺师詹姆斯·特威迪（James Tweedie），他曾多次前往南美洲探险，带回了许多引起世界各国普遍关注的植物品种。

非洲菊
Gerbera Daisy
Gerbera jamesonii

目前人们已培育出多种颜色的非洲菊，包括图中这些"大革命"（Mega Revolution）系列品种。

顾名思义，非洲菊原产于非洲，主要生长在非洲东南部，它们白天会追随太阳转动，古埃及人认为它们象征着人类对大自然的亲近以及对太阳的挚爱。非洲菊开出的花朵拥有令人赏心悦目的颜色，而且每根健壮的茎干上只开一朵花，非常适合在花艺中使用。在全球最受欢迎的鲜切花排名中，它排名第五，仅次于玫瑰、康乃馨、菊花和郁金香。

墨西哥向日葵

Mexican Sunflower

Tithonia diversifolia

这种植物能长出很大的雏菊状花序，又称为"树生万寿菊"（tree marigold）。

这种植物的故乡在墨西哥和中美洲，现已被引种至世界各地用作观赏。不过，它的作用不限于给花园增添美景，人们通过试验发现，它还是一种比化学肥料成本更低、更环保的替代品。人们在肯尼亚西部进行的多次试验证明，将墨西哥向日葵作为一种伴生植物与玉米一起种植，可以为玉米提供绿肥，提升土壤肥力，达到提高玉米产量的目的。

菊花
Chrysanthemum
Chrysanthemum spp.

日本东京的妇女们正在准备用于展览的菊花。照片由赫伯特·庞廷（Herbert Ponting）于1907年拍摄。

菊花源自东亚和欧洲东北部地区，按古希腊语直译，其名字的含义是"金花"（gold flower）。在中国，培育种植菊花可追溯至1600年前。现在，中国和日本每年都会举办各种有关菊花的庆祝活动。据说，菊花会带来健康与长寿，因此这些地区有制作菊花茶和菊花酒的传统。菊花还被人们认为是幸福、爱情和延年益寿的象征。

救荒野豌豆
Common Vetch
Vicia sativa

如果天气温和，救荒野豌豆的花期可延续至11月，为蓝蝶这样的传粉昆虫提供花蜜。

救荒野豌豆的花酷似香豌豆的花，现在被人们当作一种家畜饲料来种植。考古证据表明，它曾经也是人类的一种食物，人们在东地中海新石器早期遗址中发现了这种植物的遗迹。它不仅能吸引昆虫来传粉，而且还发育出了一种自我保护机制：茎干上的托叶能与花朵一样生产花蜜，从而吸引蚂蚁前来。蚂蚁能阻止害虫和更大的捕食者对这种植物的伤害。

胡颓子
Oleaster

Elaeagnus × submacrophylla

这种植物在秋季开花，人们在 11 月份仍可在它的茎干上看到那些散发着香味的小花。

人们种植这种植物是看中了它那些非常好看的叶子，用它可以形成一道灌木丛或绿篱。从每年秋季到冬季后期，这种植物还能开出许多散发着芳香的白色小花。这里展示的品种是由原产于亚洲的两种胡颓子属植物（*Elaeagnus macrophylla* 和 *Elaeagnus pungens*）杂交培育而来的。该品种开花后会结出银橙色的果实，所以又称为银果胡颓子（silverberry）。这些果实可以食用，但在完全成熟之前，吃起来会有些涩口。

11月27日

山谷百合
Big Blue Lilyturf
Liriope muscari

直立的紫色花序十
分迷人，花期从每
年的夏末至 11 月
结束。

这 种植物的故乡在中国和日本，花期从每年的夏末延续到秋天，其头
状花序为淡紫色，很像葡萄风信子（grape hyacinths），是一种深受人
们喜爱的花园植物。开花后会结出黑色浆果。其英文俗名中的 "Lilyturf"，
意为它长有像草一样的常绿叶片，这凸显了其在花园中的价值。学名中的
"*Liriope*" 为希腊森林女神，在奥维德的《变形》（*Metamorphoses*）中，她
是那喀索斯（Narcissus）的母亲。

342

异叶刺绣球

Anchor Plant

Colletia paradoxa

每年11月，这种植物会沿着茎干会开出许多香气撩人的白色小花。

这 种植物原产于南美洲温带地区，由于它在户外生长良好，如今在北半球许多国家的冬季花园内种植。这种植物的钟形白色花朵会让人联想起石楠花。在应该长叶的地方，长的是叶芽而不是叶片，这些叶芽呈三角形，极像荆棘，这就是该植物英文名"Anchor Plant"的由来。花朵形成密实的花簇，香气撩人。

繁花六道木

Glossy Abelia

Linnaea × grandiflora

繁花六道木的花朵呈浅桃红色，香气四溢，若逢气候适宜（不冷不热），它的花期可以从仲夏时节一直延续到11月。

繁花六道木的学名又为"*Abelia × grandiflora*"。这种开花较晚的植物是两种忍冬属植物（*Lonicera chinensis* 和 *Lonicera uniflor*）的杂交品种，1866年在意大利的罗韦利（Rovelli）苗圃培育而成。名中的"*grandiflora*"一词，意为"大量的花"，因为这种多茎灌木在每年较晚的时候会开出很多花。散发着芳香的花朵会在弓形的茎干上成簇地生长。

日本洋葱
Japanese Onion
Allium thunbergii "Ozawa"

在其他植物的花朵凋谢之后，这种植物却能开出一簇簇紫色的花朵。

这种植物原产于日本、朝鲜、韩国和中国沿海地区，常生长于林地边缘地带。通常在 9 ~ 11 月时开花，由于这时大多数植物的花已经凋谢，所以它是此时花园中景色的一种补充。开出的花朵呈球状花簇，叶子像草，被碾压时会有一种葱属植物所特有的气味。若在花园里看到这种植物，极有可能是人工栽培种球序韭（Ozawa），因为这个品种具有广泛的商业价值。

345

早樱
Winter-flowering Cherry
Prunus subhirtella "Autumnalis Rosea"

早樱从 12 月初开始便会开出半重瓣的花朵，其花瓣数量比单花的要多 2 ~ 3 倍，但不如重瓣的花瓣多。

早樱属于日本的本土植物，其人工培育品种称为秋玫瑰（Autumnalis Rosea），每年 11 月开出半重瓣的花朵，来年春天为盛花期。开花之后会长出叶子并结出浆果，叶子成熟时观之赏心悦目，浆果成熟后则会成为鸟类的美食。早樱在小树阶段就可开花，但花朵比野生树种的要小一些。

半边莲
Garden Lobelia
Lobelia erinus

这里看到的是一只挂篮中的半边莲，其花期可一直延续到霜冻时节。

这种桔梗科植物最早生长在非洲南部地区，花有蓝、粉红、紫或白等颜色。半边莲可见于低坡或海岸低沼泽地带，花朵繁茂。现在，半边莲主要被种植在温带地区，是一种常见的半耐寒一年生植物，常用于挂篮外的垂饰或镶边装饰。

347

棉毛荚蒾
Laurustinus
Viburnum tinus

棉毛荚蒾在 12 月
开花，可一直持续
到来年春天，开花
之后会结出颇具吸
引力的带有金属光
泽的蓝色果实。

这种常绿灌木原产于南欧和北非地区。其气味芬芳的白色花朵始发于粉红色的嫩芽，并形成一簇簇的花朵。这种植物开花后会结出表面光滑的深蓝色果实，颇受鸟类的喜爱。实际上，人们确信，果实外表所具有的金属光泽，源于果实周围的一种脂肪结构，可吸引鸟类前来啄食，以便通过其粪便传播种子。

美洲金缕梅
Witch Hazel
Hamamelis virginiana

这种开花灌木源自北美东部，因其花的形状，被当地人最先认为具有治疗作用。美洲原住民很早就使用金缕梅来止痛和治疗皮肤感染，后来欧洲移民们也接受了这种方法。在欧洲，医生们认为这种弯曲的花代表着盘绕在希腊医药神阿斯克勒庇俄斯（Asclepius）手杖上的那条蛇。至今，这种植物仍然被广泛当药物使用。

在这座罗马的阿斯克勒庇俄斯大理石雕像上，可以看到这种被认为很像金缕梅花的盘蛇。该雕像是在 5 世纪按照 2 世纪的希腊原件仿制的。

嚏根草
Hellebore
Helleborus orientalis

嚏根草花心周围的斑点被称为雀斑。

大约每年这个时候嚏根草便开始开花，被称为圣诞玫瑰。尽管和野生的玫瑰物种毫无关系，但是嚏根草的花确实与它们有点相似。东方的嚏根草最初来自希腊、土耳其及其周边地区，它们很容易在花园中杂交并自然传播。这样一来，花的色彩范围会进一步拓宽。多数这种花会自然向下垂，因此展示它们的通行做法是将花头切下来，放在盛有水的浅盘里，它们可浮在水面上持续展示数日。

四季报春
Common Primrose
Primula vulgaris

这里看到的黄花是由沃尔特·克兰（Walter Crane）绘制的《报春仙女》（*Primrose Nymph*，1889 年）。

四季报春原产于非洲西北、欧洲西部和南部以及亚洲西南部，喜在林地、草地和灌木树篱的底部生长。人们有时发现这种报春花的花头散布在地上，那通常是金翅鸟干的，这种鸟会把花啄掉以便吃花的蜜腺和子房。根据爱尔兰的民间风俗，在家门口放些报春花可以护家辟邪。

香盒子
Sweet Box
Sarcococca hookeriana var. digyna

这是一种长势低矮的常绿灌木，是毛唇野扇花（*Sarcococca hookeriana*）的变种，也叫香盒子，冬天开白花，分外芳香，开花后会结出黑色浆果。它原产于中国、尼泊尔、阿富汗和不丹，茎和叶比毛唇野扇花更细长，也更常见。其属名"*Sarcococca*"来自希腊语，其意为"肉质浆果"。

香盒子常被用作绿篱，会在 12 月开出芳香的花，图中的香盒子盛开在英国剑桥郡安格尔西岛修道院（Anglesey Abbey）的小路旁。

雏菊

Daisy

Bellis perennis

图中所绘的雏菊开花部位，是 19 世纪的植物学插图，已经过数字方式处理。

这种花每日早晨张开，夜里闭合，因此又俗称为"白天之眼"。每朵雏菊有 30 ~ 60 片花瓣，这种随机的花瓣数有助于玩一种源自法国的游戏——"摘菊花瓣"（Effeuiller la marguerite）。在这个游戏中，这些花瓣被一片接一片地摘掉，同时交替讲出"他（她）爱我""他（她）不爱我"，最后剩下的花瓣据称将揭晓最终结果（爱或不爱）。英文版本里，游戏结果仅在"爱"和"不爱"两者之间变化，但按照法文版本，花瓣还表示"很多人喜欢你"或"很少人喜欢你"，"爱你至极"或"根本不爱你"。

姜兰
White Ginger Lily
Hedychium coronarium

在亚洲热带森林可以找到姜兰，每年这个时候正是它的开花季节。

姜兰原产于印度、孟加拉国、尼泊尔、不丹和中国，生长于森林中。由于具有装饰价值以及可用于香水生产，目前这种花在全世界被广泛栽培。它的香味据说能使人想起茉莉。它是古巴的国花，在西班牙殖民时期，为了支持民族独立战争，这里的妇女会用这种花来装饰自己，利用复杂的花形来隐蔽自己、传递秘密消息。

蒲包花
Darwin's Slipper
Calceolaria uniflora

这个月，可以看到蒲包花（"达尔文拖鞋"）古怪的花朵在安第斯山脉和巴塔哥尼亚高原多石的山峰上盛开。

这种不同寻常的花很像小鞋子，由此衍生出了"Calceolaria"一词，即蒲包花。这种特别的物种因查尔斯·达尔文在探索南美洲时发现而著名。不过，这种植物实际上是法国植物学家菲利贝尔·科梅尔森（Philibert Commerson）在1767年第一次真正收集到的。它们沿着安第斯山脉和巴塔哥尼亚高原多石的山峰生长。籽鹬（seedsnipes）可为其授粉，这种鸟主要啄食蒲包花的白色部位，因为这个部位含糖量较高。鸟在啄食时，花粉便粘在鸟的头上，然后在它们四处觅食时花粉便得以传播。

菠萝百合
Pineapple Lily
Eucomis comosa

在该花的原生地南非，整个夏季菠萝百合都在开花。

菠萝百合的故乡在南非，花成簇地生长，形成圆柱形的穗状花序。花序顶部长有绿色的叶状苞片，形似菠萝。其拉丁文学名中的"*Eucomis*"，源自希腊词汇"eu"，即"好"的意思；而"kome"（*comosa*）意思为"头发"，用来形容这种植物花序顶部的一簇叶子。此花气味芳香，一旦被黄蜂和蜜蜂授粉后，花就会合拢起来变成棕褐色，之后结出的种子会外露出来。

357

夏日风信子
Summer Hyacinth
Ornithogalum candicans

这种植物以前被认为是白百合，这种优雅植物的穗状花序上长有铃铛状的花朵，在南非的夏季会盛开。

这种植物的穗状花序可长到 1.5 米高，上面长有芳香的铃铛状花朵。拉丁文种名"candicans"的意思是"变成纯白色"，指的是这种花的颜色。这种优雅的植物原生于南非，最初被认为是风信子的一个种类，但后来重新进行了命名。这种花颇受蜜蜂和蝴蝶喜爱，从植物的鳞茎上生出。这种植物也可在南非之外的花园里生长，像一株巨大的雪花莲，是一种常见的园林植物。

嘉兰
Glory Lily
Gloriosa superba

在南非，嘉兰于每年的12月开花，此花优雅美丽，但有毒。

嘉兰也称火百合（flame lily），原产于非洲东南部和南亚地区，是津巴布韦的国花。1947年，一颗嘉兰状钻石胸针被作为礼物送给到津巴布韦访问的伊丽莎白公主（后为英国女王伊丽莎白二世），当时津巴布韦被称作南罗得西亚（Southern Rhodesia）。嘉兰是花商喜爱的一种花，但它尽管很漂亮，却具有很强的毒性，人和动物如果吃了它可能会送命。

359

非洲雏菊
African Daisy
Dimorphotheca jucunda

在南非的山间地带，非洲雏菊的花期贯穿于南半球的春、夏两季。

非洲雏菊地下有根茎，这样有利于其免受火灾侵害，还可度过寒冬季节。在南非的山间，人们可以见到这种漂亮的多年生植物。其拉丁文种名"jucunda"意为"可爱的"或"令人愉快的"。非洲雏菊的花瓣很大，呈品红色，很受蝴蝶喜爱。今天在花园和宴会上可见到许多非洲的雏菊，其中一些的母本植物就是这种非洲雏菊。

蓝玛格丽特雏菊
Blue Marguerite Daisy
Felicia amelloides

在南非的12月，蓝玛格丽特雏菊会开出很多蓝色的花朵，绽放在叶子上方。

这种雏菊最早生长在南非南部海岸的沙丘上，生长在山腰和玄武峭壁之间。它可以适应干燥和多风的气候，如今人们已将这种植物在沙丘上进行定植，以稳土固沙。通常，人们也在花园中种植这种雏菊，其明亮的蔚蓝色花朵备受园丁们的喜爱。雏菊开花后，会长出毛茸茸的圆形果球，每个果球上都长有一个像小降落伞一样的附器，以帮助其飘到更远的地方传播种子。

茶梅 "深红之王"
Camellia "Crimson King"
Camellia sasanqua "Crimson King"

茶梅 "深红之王" 在花园中是一种经济价值颇高的灌木，12月开花，大而艳丽。

这种植物在气候温暖地区的室外生长时，需要有遮蔽场所。如果这样，那么即便在隆冬时节的12月，它们也能开出艳丽的花朵。其种名 "sasanqua" 来自其日本名字 "sazanka"，"深红之王"（Crimson King）是一个颇受欢迎的杂交品种。这种植物可用来生产茶油。在中国，油漆工人会用茶油擦掉身上的油漆。

蝴蝶兰
Moth Orchid
Phalaenopsis amabilis

这朵蝴蝶兰的特写镜头显示的是其吸引传粉者的复杂的斑痕图案。

蝴蝶兰是最容易保持开花状态的兰科植物，这就是它们颇受人们喜欢的原因之一，对于养兰花的新手而言，这是一个好的选择。作为最早的母本植株之一，人们今天已经用它培育出许多栽培品种。1875年，其第一个杂交种在英国德文郡的维奇与森斯（Veitch & Sons）苗圃诞生。蝴蝶兰原产于东印度群岛和澳大利亚，像其他兰科植物一样，能够生存许多年。在野外，这些兰科植物会寄生在树木或其他植物上，从空气或寄生植物上获取营养和水分。

桃红粉扑

Pink Powderpuff

Calliandra haematocephala

桃红粉扑的每一朵花都由许多显著且明亮的桃红色雄蕊组成。

这种植物的故乡在玻利维亚，作为一种小型装饰树种，它们在佛罗里达这样的地区很常见，那里的气候非常适宜它们生长。在传统医学中一直使用这种植物治疗疾病。目前的研究表明，这种植物含有能够帮助治疗癌症的化合物。大而蓬松的花簇气味芳香，这是其受人喜爱的主要原因。不过，这种花能够引人注目，靠的是亮丽的雄蕊而不是花瓣。

火把莲
Red Hot Pokers
Kniphofia uvaria

在火把莲的产地南非，整个 12 月它们都会开花。

这种植物原产于南非开普省，如今以其多彩而奇特的花朵在全世界的花园中被广泛种植。它们的叶子像百合一样细长，头状花序能长到 1.5 米高，十分引人注目。从花园中逃脱到野外安家落户的品种，如今变得很具侵略性，甚至已被人们当成杂草。在澳大利亚东南部等地区，它们大片地生长，正在对生态系统造成伤害。

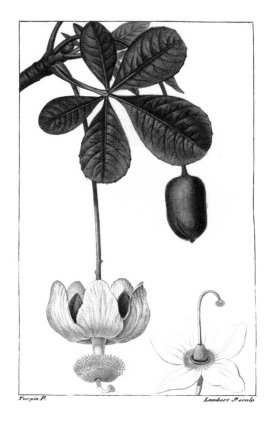

Turpin P.   *Lambert F. sculp*

猴面包树

Baobab

Adansonia digitata

这是猴面包树花的手工染色点刻铜版画，是按照皮尔·珍妮－弗兰西斯科·蒂尔潘（Pierre Jean-Francois Turpin）1830 年根据拉夫格尔梅迪克尔（La Flore Médicale）创作的素描图仿制的。

在整个撒哈拉沙漠以南的非洲热带草原上都生长着猴面包树，树龄可长达 2000 年。不过，它开的花仅持续一天。花簇为白色，悬垂，有股酸酸的味道。这种植物在夜里开花并由昆虫传粉。每棵猴面包树能长到 25 米高，它们被视为人类祖先神灵之园的象征而备受尊崇。开花后会结出富含维生素 C 的果实，可用来制作一种提神的饮料。

欧洲冬青
Holly
Ilex aquifolium

在春天和初夏时节开花之后，欧洲冬青会结出满枝的红浆果。

这种植物原产于欧洲西部和南部、北非以及亚洲西部，冬青树是英国少有的本地常绿树种之一。辨认欧洲冬青的特征之一便是它那亮丽的红色浆果。雌树开出白花（雄树和雌树均开花）后结果。雄树开出的花其中心有一个暗色小圆顶，上有一个缺口，很像十字螺丝刀的刀头。在欧洲冬青与圣诞节关联起来之前，德鲁伊特（神职人员）、凯尔特人和罗马人都会举行仪式赞美这种植物，认为它在整个冬天都保持绿色是一种神奇的魔力，相信它能确保春回大地。

丁子香

Clove

Syzygium aromaticum

在每年12月丁子香的花完全绽放之前，印度尼西亚人就会采摘丁子香的花蕾，将它们晒干后作为烹饪用的香料。

丁子香的故乡在印度尼西亚东部的马鲁古群岛（Maluku）。这种植物的干燥花蕾是一种烹饪用香料。丁香油中含有丁子香酚，具有抗菌和麻醉作用，因此被当成一种传统药物来用。在马鲁古群岛，在橙子中会撒入一些丁子香，以此作为驱虫剂。过去，在世界一些地方，人们会用丁子香做成香丸以遮盖不良气味，近年来人们在圣诞节期间会用丁子香来营造节日氛围。在东非，丁子香会在每年12月开花。

铁线莲 "铃铛"
Clematis "Jingle Bells"
Clematis cirrhosa "Jingle Bells"

"铃铛"铁线莲在12月会开出大量的花朵，给冬季的花园增光添彩。

冬季开花的铁线莲被认为是最耐寒的植物，很适应温带地区的寒冷气候。与其带有节日含义的名字相匹配，这种植物不仅会在12月开花，而且花期可以一直持续到次年3月。在花园中，铁线莲很流行，是一种攀缘植物，以开出大量乳白色低垂的花朵和旺盛的生命力著称。如果生长地点阳光充足，这种植物还会释放出一种柠檬气味。

圣诞仙人掌
Christmas Cactus
Schlumbergera truncata

作为一种时令花卉，这种植物被称为圣诞仙人掌。一种与其非常相似的植物在4月左右开花，被称为复活节仙人掌（Schlumbergera gaertneri）。

在北半球，这种植物的花期为 11 月下旬到次年 1 月下旬，在节日期间它们会绽放出艳丽的花朵。不同于沙漠中的仙人掌，这种肉质植物喜半阴环境。在室外寒冷不适宜种植的地方，可于室内环境中养护。这种植物原产于巴西东南沿海的山区，那里的气候温暖且湿度较高。

雪花莲 "三船"

Snowdrop "Three Ships"

Galanthus plicatus "Three Ships"

"三船" 雪花莲开花很早，因此人们可以在圣诞节时看到这些美丽的花朵。

雪花莲早在 16 世纪末就引进了英国。从那时起，它们就被人工栽培并逐渐适应了本地环境。图中所展现的变种是在 1984 年由苗圃园丁约翰·莫利（John Morley）发现的，当时它长在萨福克郡汉哈姆（Henham）公园的一棵古栓皮栎下。这个品种开花非常早，通常在圣诞节以前开。莫利参考起源于 17 世纪的一首流行圣诞颂歌，巧妙地给它起了这个名字。

> 我看见三艘帆船驶来，
> 在圣诞节的那天；
> 我看见三艘帆船驶来，
> 在圣诞节的清晨。
> ……

371

一品红
Poinsettia
Euphorbia pulcherrima

尽管北半球天气寒冷，但是一品红可在温室里生长，因此可以赶在圣诞节开花。

一品红以红绿相间的叶子而闻名，原产于墨西哥和中美洲，现在已成为一种用于节庆的植物，在圣诞节上常常看到它们的倩影。这种花与节日结缘始于16世纪的墨西哥。据传，当时一个女孩因为太穷买不起庆祝基督诞生的礼物，一个天使启发她采集路旁的野草摆放在教堂的祭坛上，于是火红的花朵从这些采来的野草中长了出来，这种野草由此变为了一品红。

为了能在比较寒冷的圣诞节期间开花，孤挺花"卡门"的鳞茎是在室内培植的，每一朵巨大的红花可以持续开放几周。

孤挺花 "卡门"
Amaryllis "Carmen"
Hippeastrum "Carmen"

孤挺花"卡门"在圣诞节期间开花，颇受人们的喜爱。这是孤挺花的一个杂交品种，由英国钟表匠亚瑟·约翰逊（Arthur Johnson）于1799年为了在温室内栽培而率先培育出来的。他的温室后来曾在一场大火中被烧毁，幸运的是他已在火灾前将温室中的植物送给了利物浦植物园。美国甚至到19世纪中叶前都没有培育成功。孤挺花"卡门"原产于阿根廷、墨西哥和加勒比海的部分地区，其属名"*Hippeastrum*"源自古希腊语，意为"骑士之星"，而它的俗名则来自希腊语"to sparkle"（闪耀）。

加德纳姜花
Kahili Ginger
Hedychium gardnerianum

这种姜花开出的花香气十足。在喜马拉雅山脉，该花可一直开到12月。

加德纳姜花属于姜科植物，源自喜马拉雅山脉。在亮绿色的叶子上会向上生出高高的茎干。这种植物会开出非常香的黄花和红花，且闻起来有一点点姜的味道。虽然它更适应热带的气候，但也能忍受偶尔出现的霜寒，这意味着它可以种植在一些温带地区的花园中。新近的研究表明，这种植物含有能够抵抗人类肺小细胞癌的植物成分。

款冬
Winter Heliotrope
Petasites fragrans

款冬在 12 月开花，花簇中的花瓣非常短，具有香草气味。

这种植物原产于北非，如今在北半球的温带地区被普遍种植。在路边、山地或小溪旁都能见到它。这种花具有很强的香草气味，叶子为心形，是蜜蜂在冬季的重要采蜜来源。

瑞香
Winter Daphne
Daphne odora

这种常绿灌木在茎干末端开花，在色彩单一的冬季十分醒目。图中展示的是栽培种，名为"玛丽安"（Marianni）。

瑞香的种名是"*odora*"（气味），因为该种植物会产生浓郁的芳香。它源自中国，如今在北半球温带地区的花园中被广泛种植。瑞香的叶子具有光泽，开花后会结出红色浆果，但数量很少。花簇会散发出香辣气味，很适合每年这个时节的喜庆氛围。

马蹄莲
Calla Lily
Zantedeschia aethiopica

这是由乔治娅·奥基夫在 1928 年创作的《粉红色双生马蹄莲》(*Two Calla Lilies on Pink*)，画中展现了奇异且奢华的马蹄莲花。

尽管乔治娅·奥基夫否认，但她的大部分抽象作品已被解读为具有强烈的性取向。她的油画《粉红色双生马蹄莲》就是在炫耀这些奇特花卉的美丽外形。这种花原产于非洲的部分地区，最初被认为是纯洁和清白的象征。不过，这种外形优雅，如雕刻般的花卉一直被用于全世界的各类宴会场合以及艺术领域，常常代表着富贵与豪华。

索引

图片提供者

© Alamy Stock Photo / 2–3 Alice Dias Didszoleit/Stockimo; 4–5 Sergio Delle Vedove; 7 FAMOUS PAINTINGS; 8, 310 Kumar Sriskandan; 9 Curved Light Botanicals; 10, 365 Neil Holmes; 13, 63 (top), 68 (bottom), 113, 259, 301, 341 John Richmond; 14 Photos Horticultural; 15, 22, 25, 34–35, 51, 62, 93, 115, 130, 144, 156, 174, 202, 210, 300, 322, 331, 333, 366 Florilegius; 16, 31, 64 Deborah Vernon; 18, 105 (bottom) Jason Pulley; 19 ian west; 20 Jason Smalley; 21 Santosh Varky; 23 Religion; 26 Herb Bendicks; 27, 95 Science History Images; 33 AfriPics.com; 38 North Wind Picture Archives; 39 (top) Frederic Tournay/Biosphoto; 40, 61 Andrew Greaves; 41 Zefiryn Pągowski; 42 Romas ph; 43 Helen Hotson; 46 Erik Agar; 47 Les Archives Digitales; 48 Tom Meaker; 49 Quagga Media; 50 Anna Stowe Botanica; 52 Frank Teigler; 53 Reinhard Hölzl; 54–55, 67, 234 Album; 57 Felix Choo; 58 (top) FloralImages; 58 (bottom), 127, 129, 158, 170, 227, 236–237 Tim Gainey; 59, 88, 177, 239, 249, 278 RM Floral; 60 blickwinkel/McPHOTO/HRM; 66 Marjan Cermelj; 68 (top) INTERFOTO / Botany; 80 INTERFOTO / History; 72 MBP-one; 73 Zip Lexing; 74 AY Images; 76 Hugh Welford; 78 Max Rossi; 79 Zoonar/Erich Teister; 81 Olga Ovchinnikova; 82 Botany vision; 83 (top) anjahennern; 83 (bottom) Magdalena Bujak; 84 Karind; 85 Arndt Sven-Erik; 87 Cynthia Shirk; 89 Helen Sessions; 90 Nadiia Oborska; 91 (top) Peter Lane; 91 (bottom) Natural Garden Images; 92 Jolanta Dąbrowska; 94 RJH_IMAGES; 96, 296 GKSFlorapics; 97 Werner Layer; 99, 213 Clare Gainey; 101 A.F. ARCHIVE; 102 Steve Taylor ARPS; 103 Tami Kauakea Winston; 104 ajs; 105 (top) John Steele; 106–107 Marco Isler; 108, 270 Leonid Serebrennikov; 109, 247, 336, 355, 356 Florapix; 110 Gary K Smith; 111 Michael Willis; 112 Cal Vornberger; 114 Jane-Ann Butler; 116 howard west; 117 keith burdett; 118 Painters; 122 Tasfoto; 123 Historic Collection; 124–125 Karl Johaentges; 126, 248 Christian Hütter; 128 blickwinkel/DuM Sheldon; 131 Stephen Frost; 133 m.schuppich; 134 Alain Kubacsi; 135, 152 Martin Hughes-Jones; 136 Joe Giddens; 137 Marg Cousens; 138 Martin Siepmann; 139 bonilook; 140 Historic Images; 142–143, 178 blickwinkel/Layer; 145 Oleg Upalyuk; 146–147, 269 Philip Butler; 150, 208 Steffen Hauser / botanikfoto; 151 Joanna Stankiewicz-Witek; 153, 176 Clement Philippe; 154 Lotta Francis; 155 Frank Sommariva; 159 Charles O. Cecil; 160, 275, 246 (top); 298 Frank Hecker; 161 Gina Kelly; 162 (top) George Ostertag; 163 Art Media/Heritage Images; 164 Pictures Now; 165 Paivi Vikstrom; 166 A Garden; 168 Island Images; 169 Kostya Pazyuk; 171 Nigel Cattlin; 172 Maier, R./juniors@wildlife; 173 Sally Anderson; 175 The Granger Collection; 179 Sabena Jane Blackbird; 180 Wouter Pattyn; 181, 271 The Picture Art Collection; 182 Jonathan Buckley; 186, 285 David R. Frazier Photolibrary, Inc.; 187 Jonathan Need; 188 Ivan Vdovin; 189 © Walt Disney Studios Motion Pictures /Courtesy Everett Collection; 190 Vincent O'Byrne; 191 Ernie Janes; 194 Dorling Kindersley; 195 Aliaksandr Mazurkevich; 196 Hans Blosse; 197 (top) pjhpix; 197 (bottom) Andrew Duke; 198 Wolstenholme Images; 200 Danièle Schneider / Photononstop; 201 LEE BEEL; 203 Helen White; 204–205 Ed Callaert; 209 migstock; 211 Maximilian Weinzierl; 212 Chronicle; 214 Heinz Wohner; 215 (top) Alan Keith Beastall; 215 (bottom) Dan Hanscom; 216 Historic Illustrations; 217 Frederik; 218, 323 Charles Melton; 219 Mindy Fawver; 220 © Fine Art Images/Heritage Images; 221 FALKENSTEINFOTO; 222 Mirosław Nowaczyk; 223 Oliver Hoffmann; 224 Kathleen Smith; 225 Khamp Sykhammountry; 226 Hemant Mehta; 228 Gary Cook; 229 (bottom) Adelheid Nothegger; 230 Nadia Palici; 231 foto-zone; 233 Werner Meidinger; 235 (top) Kurt Friedrich Möbus; 235 (bottom) Richard Becker; 238 valentyn Semenov; 241 Geoffrey Giller; 242 Allan Cash Picture Library; 243 Sean O'Neill; 244–245 Peter Barritt; 251 Alan Mather; 252 D. Callcut; 253 Artmedia; 254 Chris Howes/Wild Places Photography; 255 Mary C. Legg; 258, 262, 340 Bob Gibbons; 260 Jada Images; 261 Hervé Lenain; 263, 325 (top) Krystyna Szulecka Photography; 264, 277, 376 John Martin; 265 Photoshot; 266–267 Ray Wilson; 268 Alexandra Glen; 272 Martin Skultety; 273 photo_gonzo; 276 artinaction/Stockimo; 279 Christian Goupi; 280 Skip Moody / Dembinsky Photo Associates / Alamy; 283 Peter Vrabel; 284 PjrStamps; 286 steeve-x-art; 288 AJF floral collection; 289 ARCHIVIO GBB; 290 Ewa Saks; 291 Paroli Galperti; 293 Roel Meijer; 294 Fir Mamat; 295, 303 Matthew Taylor; 297 J M Barres; 299, 328 Kiefer; 302 Keith Turrill; 304 Graham Prentice; 305 Joel Douillet; 306 Zoltan Bagosi; 307 Jon G. Fuller/VWPics; 308 Jacky Parker; 309, 347 FotoHelin; 311 Paul Wood; 312 Marilyn Shenton; 313 Ian Shaw; 314 Jurate Buiviene; 315 Anne Gilbert; 317 Marek Mierzejewski; 320–321 Iconic Cornwall; 324 Joel Day; 325 (bottom) emer; 326–327 JONATHAN EASTLAND; 329 Robert Pickett; 330 The Print Collector/Heritage Images; 332 (top) Lois GoBe; 332 (bottom) Marco Simoni; 334 blickwinkel/R. Koenig; 335 Juan Ramón Ramos Rivero; 337 John Anderson; 338 Narinnate Mekkajorn; 339 The Keasbury–Gordon Photograph Archive; 342 STUDIO75; 344 Eastern Views; 346 Frank Bienewald; 349 Prisma Archivo; 350 Val Duncan/Kenebec Images; 352–353 MMGI/Marianne Majerus; 354 Sunny Celeste; 357 Hans-Joachim Schneider; 358 CHRIS BOSWORTH; 359 Arco / J. Pfeiffer; 360 Steve Hawkins Photography; 361 Sparkz_co; 362, 371 thrillerfillerspiller; 363 Anna Sobolewska; 364 Chua Wee Boo; 367 Steffie Shields; 368 Ana Flašker; 370 Elena Grishina; 372 Tolo Balaguer; 374 Everyday Artistry Photography; 375 Filip Jedraszak.

© Bridgeman Images 77; 70 Johnny Van Haeften Ltd., London 377 © Philadelphia Museum of Art: Bequest of Georgia O'Keeffe for the Alfred Stieglitz Collection, 1987, 1987-70-4 / Bridgeman Images

© GAP Photos 157; 12, 44–45 Richard Bloom; 17 Fiona Rice; 28, 345 John Glover; 29, 348, 369 Howard Rice; 36 Mark Bolton; 56, 141, 193 Jonathan Buckley; 75 Jerry Harpur; 120 Torie Chugg; 121 Heather Edwards; 184, 232 Ernie Janes; 229 (top) David Tull; 246 (bottom) Jacqui Dracup; 281 Jason Ingram; 292 Friedrich Strauss; 343 Matt Anker; 373 Sabina Ruber.

© Getty Images / 30 Tom Meaker / EyeEm; 32 LazingBee; 37 Anna Yu; 65 Daniela Duncan; 69 Photo by Glenn Waters in Japan; 98 Elizabeth Fernandez; 119 Ravinder Kumar; 162 (bottom) bewolf design; 183 OsakaWayne Studios; 199 duncan1890; 206 Clive Nichols; 207 Samir Hussein / Contributor; 250, 257 Jacky Parker Photography; 256 mikroman6; 287 Massimiliano Finzi; 316 Jenny Dettrick; 318 Anadolu Agency / Contributor; 319 Sebastian Condrea.

© Mary Evans Picture Library / 148, 351 The Pictures Now Image Collection; 167 RICHARD PARKER; 351.

© Shutterstock.com / 11 udaix; 24 (bottom) Arunee Rodloy; 24 (top) Sari ONeal; 39 (bottom) Brookgardener; 63 (bottom) photoPOU; 132 bodhichita; 149 Max_555; 185 Kapuska; 192 catus; 240 SARIN KUNTHONG; 274 frank60.

Cover © Christopher Ryland. All rights reserved 2022 / Bridgeman Images.

致谢

　　首先，我要感谢众多的园艺家、植物学家、研究人员以及历史学家，是他们收集整理了过去数千年来各种植物的相关信息，这不仅使本书有机会得以出版，更重要的是让这个世界变得无比美好。

　　其次，我要感谢英国皇家植物园（邱园），是这里培养了我对植物的了解与热爱。邱园中的各式花园、温室和标本馆，让我度过了人生最愉快的时光。在这里，我培植植物、孜孜以求、潜心研究，受益匪浅。我还要特别向考陶尔德艺术学院（Courtauld Institute of Art）表示崇高的敬意，正是这座艺术殿堂为我开启了一次人生之旅，让我不断去探索艺术、美学以及大自然各种符号所蕴含的神奇力量。

　　感谢我的伙伴——苗圃园丁安德鲁·卢克（Andrew Luke）给予我的耐心、关心与支持。在这里我愿意向所有支持我研究的人们，分享我们对这项工作的热情。

　　感谢蒂娜·佩尔绍德（Tina Persaud）对本书进行编排，感谢克丽丝蒂·理查森（Kristy Richardson）对相关图片的处理，感谢卢西·霍尔（Lucy Hall）对我写作本书的支持与欣赏，感谢珍妮弗·布朗（Jennifer Brown）对本书进行的仔细勘校工作。我也要感谢阿龙·贝特尔森（Aaron Bertelsen）等众多朋友的支持，正是阿龙·贝特尔森的不断激励，让我及许多人对植物所拥有的非凡生机产生了兴趣并始终乐在其中。

　　最后，我要感谢我的父母及兄弟，我能够在治学这条艰辛道路上奋力前行，主要归功于他们的鼓励与支持。我更要感激我可爱的女儿莉莉·伊丽莎白·卢克（Lily Elizabeth Luke），这是一种命运的安排而非人为的选择，在我写作本书的过程中，是她一直"陪伴"着我并耐心等我写完此书才呱呱坠地，来到人间。

　　感谢为本书撰写、出版付出心血的所有人！